U0184232

3

引力相互作用

第 10 章
运动定律和万有引力定律

§10-1　引言

　　本书的宗旨始终在于利用基本物理学所提供的手段，来帮助读者理解观测到的形形色色的天文现象。为了这个目的，在前面一些章节中，我们已经看到了，电磁相互作用、强相互作用以及弱相互作用是怎样有助于解释各种不同形式的电磁辐射现象——X 射线、微波、射电波和可见光的发射，以及解释恒星的结构和恒星核锅炉内各种元素的诞生，等等。我们也看到了，知识的流通绝不是单向的，也就是说，不只是从物理学输入到天文学，就大多数情况来说，天文学同样促进我们对物理学基本定律的理解。我们之所以这么说的根据是，所谓物理学的基本定律仅仅是通过实验室的实验取得的，而这些实验必然要受我们地球上的环境限制。但是，这些定律应该适用的条件和环境远远超出我们地球上的这些限制。至少来说，这是引导理论物理学家前进的一条基本原则。天文学为人们提供了一个宇宙实验室，其物理条件之广是地球上的任何环境所不可及的。

　　让我们回顾一下天文学为检验物理学定律所提供的宇宙实验室。最大的人造粒子加速器——费米实验室，它所产生的粒子能量高达

10^{12} eV。如果同宇宙线中粒子的能量相比较，后者可达 10^{20} eV，这就是说，要比地面实验室中所达到的能量高 1 亿倍。尽管今天的技术仍然无法做到由氢聚合成氦的受控热聚变反应，然而在恒星内部却正经历着这一过程。恒星确实已经实现了理论上可能的全部热核聚变概念。强射电源在爆发过程所涉及的能量，要比百万吨级氢弹爆炸时释放出来的能量大 10^{36} 倍。

显然，在诸如此类的例子中，物理学家们有幸在远远超出地球实验室范围的条件下来检验他们的理论。在天文现象上的这些应用，的确代表了物理学家们对他们的基本定律的普遍适用性和有限性进行真正检验的唯一途径。

引力相互作用在实验室内显得微不足道，然而对于相距遥远的大质量天体却是十分重要的

上面的讨论促使我们来谈一谈引力相互作用，它是本书所要讨论的物质间四种基本相互作用中的最后一种。不过，从历史发展的过程来看，在我们所要讨论的这四种相互作用中，引力并不是排在最后，而恰恰是第一。那是在 1665 年，也就是大瘟疫的那一年[1]，牛顿（图 10-1）坐在英格兰乌尔斯苏普（Woolsthorpe）他自己家的庭院内，看到一只苹果从树上掉了下来，并由此开始思索苹果下落的缘由。据说，这一番思索使他得出了万有引力的概念。最后，牛顿发表了著名的万有引力的平方反比定律，并且在 1687 年出版了他的著作——《自然

---

1. 指 1665 年的伦敦大瘟疫，死者总计达 7 万人之多。——译者注

图 10-1　牛顿，1642—1727 年，马卡德尔根据西曼的画像于 1740 年制作的金属雕像

哲学的数学原理》（以下简称为《原理》），该书中对这条定律做了介绍[1]。我们在本章内将会看到，这一定律曾经是极其成功的，它对很多不同的现象做出了解释。但是，正如我们今天所知道的，它对现代物理学的发展却几乎没有发挥任何的作用。原因在于，事实上从万有引力的根本性质来说，它对于天文领域里的应用较之实验室范围内的应

---

1. 有点令人不可思议的是，牛顿居然花了 22 年（从 1665 年到 1687 年）的时间才发表了这样一个重要的定律。他真是在 1665 年就认识到了这一点吗？从 1679 年前后虎克（1635—1703）和牛顿之间的通信可以看出，在最初的时候虎克对于这一定律重要性的认识比牛顿更为清楚。

用显得更为重要。

为了弄清楚这一事实，让我们来看一下万有引力的平方反比定律：

$$F = G\frac{m_1 m_2}{r^2} \ 。$$

这一定律表明，质量为 m_1 和 m_2 的两个质点间的引力 F，与 m_1 和 m_2 的大小成正比，而与质点间距离 r 的平方成反比。引力常数 G 是一个非常小的量，因而在地球上力 F 总是很小的（只有一种情况是例外）。比如说，对于观察氢原子的原子物理学家来说，电子和质子间的静电力大约是它们之间引力的 10^{40} 倍！因此，原子物理学家完全有理由在他们的计算中略去引力的作用。

唯一的例外是指地球对地球上所有物体的引力吸引。这时，我们可以令 m_1 = 地球质量，它对 m_2 所施加的力大到足以测量出来。这个力恰恰就是重力，它给 m_2 以"有重量"的感觉。这一例外情况体现了万有引力的基本性质，正是这一性质使得万有引力对天文学来说显得特别重要。天文学所涉及的是一些大质量的天体，这时 m_1 或 m_2，或两者同时是很大的。尽管在天文学中 r 也很大，但是巨大的质量起着支配性的作用。

现在，我们就天文学所处的条件，把其他几种相互作用同引力来进行比较。强相互作用和弱相互作用属于短程力，它们在星际或星系际距离上是无关紧要的，这两种力主要在密度很高的恒星内部发挥作用。由于天体是电中性的，因而电磁相互作用不大可能在大尺度范围上起重要的作用。但是，在前面几章中我们曾讨论过天体在各种不同的环境下发出辐射，而电磁相互作用对于产生这些辐射来说是很重要的。如果我们所关心的是大质量天体的大尺度运动，或者是这些天体的平衡问题，那么万有引力的贡献就是至关紧要的了。恒星和行星的运动、星系和星系团的运动，以及宇宙作为一个整体的大尺度特性，在这些方面万有引力都起着重要的作用。不同恒星的各种平衡结构以及黑洞的形成，则是万有引力在同自然界中的其他作用力进行较量。在许多场合下，万有引力总是处于主导的地位。

在对万有引力进行较为细致的考察之前，我们先要认识一下有关动力学的一些基本概念，动力学也就是关于运动的科学。奠定动力学基础的人还是牛顿，他以数学为工具，通过动力学的方法来研究万有引力定律所造成的种种结论。在爱因斯坦对它做全面的修正之前，牛顿的这套动力学框架一直沿用了两个多世纪。

§10-2 运动

对于任何一个观测自然界的人来说，运动也许是最引人注意而又无所不在的现象。引起观测者注意的并不是静止的系统，而是变化着的系统。并且对每一个系统进行周密的考查后，总会发现有某些东西在运动着。甚至在所谓的稳定系统中，每个组成部分通常也是在运动着，只不过它们的运动方式使系统在总体上看不出有什么变化。举例来说，在一个无风的日子里，空气并不真正处于静止状态，构成空气的分子在不停地做随机运动，这和宁静的湖泊中水分子在不停地运动是完全一样的。

事物为什么会运动呢？它们又是怎样地运动呢？毫不奇怪，人们早已从几个不同的方面提出过诸如此类的问题，从地面上的现象，如箭的移动、鸟的飞翔、车辆的推进、河水的流淌，直到天上的现象，如恒星、行星以及太阳和月亮的运动，所有这一切都提出了一些需要加以解释的问题。有关文献记载的历史表明，随着哲学推理、实际观测、宗教信条以及科学实验诸方面的交错传播，人类的观念经历了饶有风趣的演变。最初的概念是 2000 多年前的希腊人提出来的，而演变的结果则以牛顿著名的运动定律的形式首次满意地解释了这些问题。

物体仅仅在运动状态发生变化时才受到力的作用

在《原理》一书中，牛顿对于支配物体运动的几条定律做了系统的论述。不过，在更早的时候，伽利略（1564 — 1642）的工作已经为这些定律奠定了基础，这就是人们今天所熟知的运动学第一定律：物体在不受外力作用时始终保持匀速直线运动，这一概念标志着对早先由希腊人提出的那些旧观念的一次革命。这是人们第一次指出，力对于运动并不是必要的，只是对于运动的变化才是必不可缺的。

为使运动发生一定程度的变化需要有多大的力呢？牛顿的运动学第二定律回答了这个定量性质的问题，这个定律通常表述为

$$力 = 质量 \times 加速度。$$

质量是物体内所含物质数量的一种量度。然而，在第二定律的含义中，它又是物体惯性的量度。惯性是这样的一种属性，它说明了物体对于任何力图改变其运动状态的外部因素（也就是说力）所表现的抗拒能力。对于给定的力，惯性越大（也就是 m 的数值越大），运动的变化就越小。这种变化由加速度来量度。

那么，什么是加速度呢？加速度就是速度的变化率。实际上，速度包含着两个方面的内容，它既告诉了我们运动的快慢程度，又指出了物体运动的方向。如果这两者之一，或者两者同时发生了某种变化，便会产生加速度。例如，假定有一辆汽车正以每小时 50 英里[1]的速度行驶，现在驾驶员踩动油门，并且在 1 分钟时间内使运动速度改变为每小时 60 英里。假设速度发生上述变化时汽车在高速公路上的运动方向没有改变，问加速度是多少？

速度大小的变化是 $60-50=10$ 英里·小时$^{-2}$，这一变化是在 1 分钟 $=1/60$ 小时内发生的，因此，每小时的变化 $=10 \div \dfrac{1}{60} = 600$ 英里·小时$^{-2}$，这就是加速度，其方向与运动方向一致。

再举一个例子，假定有一个石块系在一根绳子上，以不变的速度 v 在半径为 r 的圆圈上做旋转运动。尽管速度的大小保持不变，但是运动的方向不断地在改变，因此，石块在做加速运动。加速度的大小等于 v^2/r，方向指向圆心。所以，绳子施加在石块上的力同样也指向圆心（图 10-2）。

---

1. 1 英里 =1.609 千米。——译者注

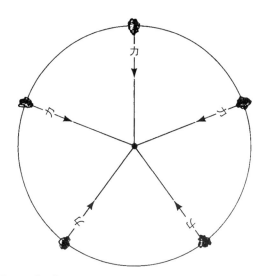

图 10-2　为了维持一块石头绕圆周旋转，必须有一个力施加在石头上，方向总是朝着圆周的中心

在微小的时间间隔 δt 内，石块运动的方向转过一个小角度 $v\delta t/r$。这意味着朝向圆心的速度分量发生了大小为 $v^2\delta t/r$ 的变化，而沿着图 10-2 中圆周切线方向的速度分量的变化为 δt^2 量级。由于 δt 足够小，后一项变化可以忽略不计，而径向的速度变化以 δt 来除即得到 v^2/r。既然人们把速度的变化率定义为加速度，那么这一例子中的加速度的方向便指向圆心。

牛顿的运动学第三定律是，作用力和反作用力大小相等、方向相反。当外界对物体施以某个作用力时，物体便会对外界产生一个大小相等、方向相反的作用力。当一颗巨大的陨星落在地球上时，冲击力的作用会使它撞得粉碎，同时在地球表面留下了一个陨星坑，这就是作用力和反作用力的一个例子。

§10-3 动力学

　　动力学问题是从牛顿运动学定律发展起来的。当外力作用在一个（或几个）物体上时，物体在外力的影响下会怎样运动呢？动力学不仅适用于地面上的现象，而且适用于天文学。这里我们仅讨论一些今后要用到的某些重要的动力学概念。

　　在我们的日常生活经验中，认为局部范围内的地球表面是平的，也就是说，忽略了地球表面的弯曲，于是我们同样可以忽略到地球中心距离的变化。这样，由地球产生的、作用在一个质量为 m 的小物体上的重力加速度便简单地看作一个常数，通常写作 g。由此得出，如果把地球看作是一个球体，则地球作用在一个物体上的万有引力是

$$F = \frac{GmM}{R^2} ,$$

其中，M 是地球的质量，R 是到地球中心的距离。由于加速度等于作用力除以被力作用的物体的质量，现在的物体质量是 m，所以加速度应该是 $F/m = GM/R^2 = g$。

　　在水平方向上不存在万有引力。把一块石头或一个小球抛入天空中，其水平方向的速度分量不受引力的影响，而垂直速度分量却受到向下的重力加速度 g 的作用。根据牛顿第二运动定律，一个向上运动的球，其垂直速度分量在单位时间内减小 g，而向下运动的球，其下落速度分量则在单位时间内增加 g。如果一个球在 $t = 0$ 时刻以初始垂直速度 v_0 抛出，则垂直速度 v 随时间的变化如图 10-3 所示，这是一

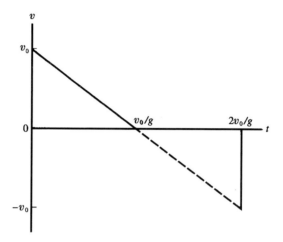

图 10-3　v-t 图表示出球的垂直向上速度分量怎样在 $t=v_0/g$ 时从初始值 v_0 减小到零。t 轴之下的虚线表示球继续向下运动。向下的运动一直到 $t=2v_0/g$，球打在地面上为止

个简单的直线图，$v=v_0-gt$。在任意一小段的时间间隔 δt 内，向上的速度都要减小 $g \cdot \delta t$。时间段 t 可以划分为许多小的时间间隔，把这些小的时间间隔加在一起，我们便得到在 t 时刻垂直速度分量减小了 $-gt$。球在 $t=v_0/g$ 时停止向上运动。在这之后，球开始落回地面，当 $t=2v_0/g$ 时打在地面上。如果球以水平速度分量 u_0 抛出，并且忽略空气的阻力，则球打在地面上距抛出点的距离为 $2u_0v_0/g$（相当于 $2v_0/g$ 乘以 u_0）。

在上面的例子中，我们把球的实际速度分解为两个分量：u_0 是水平分量，v_0 是垂直分量。那么，这些分量与合速度的关系是怎样的呢？

考虑到两个速度分量彼此相互垂直，将速度图沿着两条直线来画。

在水平方向上用直线 AB，其长度按适当的比例代表 u_0；再画直线 AC 垂直于 AB（对应于垂直方向），其长度以相同的比例尺代表 v_0。然后，画 CD 平行于 AB，BD 平行于 AC，便得到一个矩形 $ABCD$。

合速度在大小和方向两方面同时由直线 AD 即速度矩形的对角线来表示，A 是起始点。

利用勾股定理，简单的几何图形告诉我们，

$$AD^2 = AB^2 + BD^2 = AB^2 + AC^2,$$

这是因为对于矩形来说有 $AC=BD$。如果合速度的大小为 ω_0，则上述关系告诉我们，

$$\omega_0^2 = u_0^2 + v_0^2,$$

抛一个球的极限距离取决于 $\omega_0^2 = u_0^2 + v_0^2$，就一个人来说，不可能超过某一个量 k，k 比如说由人胳臂的肌肉所确定。那么，对于一定的 k 值，我们如何分配 u_0 和 v_0 才能把球抛到最远的距离呢？必须使乘积 $u_0 v_0$ 越大越好，同时限制 $u_0^2 + v_0^2$ 不能超过 k。答案是以这样的方式来抛，使 $u_0 = v_0 = \sqrt{k/2}$。根据基本的代数关系，我们有

$$2u_0 v_0 = u_0^2 + v_0^2 - (u_0 - v_0)^2 = k - (u_0 - v_0)^2,$$

可见，当 $(u_0 - v_0)^2$ 最小时，$u_0 v_0$ 达到最大。这样的条件出现在 $u_0 = v_0$

时，由此给出 $u_0 = v_0 = \sqrt{k/2}$。要想使初始的速度垂直分量和水平分量相等，球必须与地面成 45° 角抛出去。这里水平方向达到的距离永远是 $2u_0 v_0/g$。因此，由 $u_0 = v_0 = \sqrt{k/2}$ 所给出的最大距离为 k/g。由此可见，最大距离总归是由胳臂的力量 k 决定的。

棒球运动员关心的不是最大距离，而是要使抛掷的时间 $2v_0/g$ 尽可能地短。如果 d 是所要求的水平距离，抛掷时间仍然是 d/u_0，它必须等于 $2v_0/g$。由此得出，$2u_0 v_0 = gd$。因此，棒球运动员要想使 $2v_0/g$ 变小，必须给球以很小的垂直分量，但相应地必须使 u_0 很大，这样才能满足 $2u_0 v_0$ 等于所要求的 gd。事实上，运动员给予球的水平速度 u_0 越大，垂直速度 v_0 越小，则球的飞行时间就越短。这就说明了棒球投掷手为什么采用水平投射方式。但是，令 u_0 大和 v_0 小对 k 来说可并不是经济的！我们有 $2u_0 v_0 = u_0^2 + v_0^2 - (u_0 - v_0)^2 = gd$。若令 $v_0 = \varepsilon \sqrt{k}$，$\varepsilon$ 是一个小量，则由 $u_0^2 + v_0^2 = k$ 得出，$u_0 = \left(1 + \frac{1}{2}\varepsilon^2\right)\sqrt{k}$，该式是足够精确的。考虑到 $u_0^2 + v_0^2 - (u_0 - v_0)^2 = gd$，做简单的代数运算，便近似地得到 $k = gd/2\varepsilon$。这里 d 是所要求的距离。因此，若要抛掷的越快（也就是 ε 越小），则要求肌肉的力量 k 越大。若要在水平方向上抛出很远的距离 d，用运动术语来说，就要具备一对超级臂膀。

在 $t = v_0/g$ 时间内球能上升多高呢？$t = 0$ 时，球具有的上抛速度分量是 v_0，在 $t = v_0/g$ 时，上抛分量变为零（图 10-3）。由于上抛分量随时间的变化是线性的（也就是说，图 10-3 中的图形是一条直线），在 $t = 0$ 至 $t = v_0/g$ 期间的平均向上速度分量可简单地取作 $\frac{1}{2}v_0$，因此，球达到的高度是 $v_0^2/2g$（$\frac{1}{2}v_0$ 乘以时间 v_0/g）。

从上述问题可以归纳出一条相当重要的结论。在向上飞行期间的某一时刻 t，垂直速度分量为 v_0-gt；从开始到 t，平均的向上速度为 $\frac{1}{2}(v_0+v_0-gt)$。因此，球在 t 时刻所达到的高度 h 为 $h=\frac{1}{2}t(2v_0-gt)=v_0t-\frac{1}{2}gt^2$。

如果用 v 表示 t 时刻的垂直速度分量，则由 $v=v_0-gt$，我们也可以用 v 代替 t 来表示 h。因此，由 $t=(v_0-v)/g$，便得到 $h=v_0t-\frac{1}{2}gt^2=\frac{1}{2g}(v_0^2-v^2)$。[1] 把这一结果乘以被抛物体的质量 m，则该方程可以改写为

$$\frac{1}{2}mv^2+mgh=\frac{1}{2}mv_0^2。$$

当被抛物体朝地面落下时，向上的速度分量改变符号，由高度为 h 时的 v 改为 $-v$。但是，这样的改变对于上述方程来说没有区别，因为速度仅仅是以平方的形式 v^2 出现的。由此可见，同样的方程式在物体下落期间仍然是成立的。不仅如此，我们还可以在方程的两边同时加上 $\frac{1}{2}mu_0^2$，得到

$$\frac{1}{2}m(u_0^2+v^2)+mgh=\frac{1}{2}m(u_0^2+v_0^2)。$$

这一结果便是能量守恒方程。右端是初始的动能，左端的

1. 原文错写为 $h=\frac{1}{2}g(v_0^2-v^2)$。——译者注

$\frac{1}{2} m (u_0^2 + v^2)$ 是在高度 h 时的动能（运动的能量），而 mgh 这一项是升高到 h 时引力势能的改变。这个简单的结果是下述更普遍结论的一个例子。

动能 + 势能 = 常量

如果把地球的曲率也考虑进去，把高度这一基本概念改为到地球中心的距离，这一结论仍然是成立的。

让我们像图 10-2 那样来考虑地球的曲率，不过，不再认为是一块石头系在绳子上，而看作是由于引力使一颗卫星维持在地球表面之上不远的圆形轨道中。v 是卫星的轨道速度，R 是地球的半径，卫星朝地心的加速度是 v^2/R。根据牛顿第二运动定律，这个加速度必然等于 g，因此 $v^2 = Rg$。卫星绕轨道一周所需的时间 T 为 $T = 2\pi R/v$，它也等于 $2\pi \sqrt{R/g}$。代入 $g = 9.8$ m·s^{-2}，$R = 6400$ km，得出 T 大约 5000 秒，或 80 分钟左右。

在以前的讨论中，认为耗散力，诸如摩擦力和空气阻力很小，可以忽略掉。为了克服耗散力，必须做功。这种功通常表现为热的形式，我们说它是损失掉了，因为它不可能转化为动能，也不可能转化为势能，势能只能从地球引力得到。作为一个例子，当宇宙飞船或陨星落入地球大气层时，由于空气阻力引起的耗散力而被加热。但是，如果我们仔细地把产生的热也包括在能量平衡中，则仍然可以得出能量守恒定律。这便是热力学第一定律，在第 11 章中我们还会谈到。像地球引力、电场力或磁场力都不属于耗散力，克服这些力所做的功可以完

全转化为势能形式，如果需要的话还可以再完全转化为动能。这类力
被称为保守力。

§10-4　万有引力定律

　　牛顿在其《原理》一书中首次以完整的形式发表了万有引力定律，
尽管虎克在牛顿之前也得到过该定律的正确形式：

$$F = G\frac{m_1 m_2}{r^2}。$$

　　事实上，万有引力的平方反比定律首先是从观察行星的运动导出
来的。在图 10-4 中，假定太阳位于 S，行星位于 P，两者沿 SP 相互
吸引。根据牛顿第三定律，S 作用在 P 上的力等于 P 作用在 S 上的力，

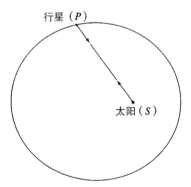

图 10-4　太阳作用在行星上的力完全被行星作用在太阳上的力所平衡

但方向相反。因此，根据第一运动定律，无论太阳还是行星都不会处
于静止状态。但是，由于太阳远比行星的质量大，因此太阳运动状态

的变化必然比相应的行星运动状态的变化小很多（例如，太阳的质量
大约是地球质量的 300 000 倍）。于是，根据第二运动定律，对行星
运动的影响要远大于对太阳运动的影响。实际上，太阳运动所受到的
影响非常之小，以至于在许多场合下可以忽略不计。

　　开普勒（1571—1630）以极高的精度绘制出行星的轨道，并且提
出三条精确的行星运动定律，来描述行星的这些轨道。问题是，什么
形式的引力才能造成这样的轨道呢？似乎虎克已经根据这种形式的
经验推理得出了平方反比定律。但是，正是牛顿从数学上把运动定律
公式化，推出了行星轨道的形状和一些其他的细节，与开普勒从分析
他的观测结果所得出的轨道完全一致。

万有引力定律可测定地球的质量

　　再次用 M 和 R 表示地球的质量和半径。作用在地球表面上质量
为 m 的物体上的力为 GmM/R^2，加速度 g 为 GM/R^2，所以

$$M = \frac{gR^2}{G} \text{。}$$

　　方程式右端的三个量都可以通过观测来确定：g 通过石头下落，
R 通过测量地球表面的曲率，G 通过实验室中实际测量距离已知、质
量为 m_1 和 m_2 的两个物体之间的作用力。第一个从事这种实验室测
定的是卡文迪许（H.Cavendish）（1731—1810），图 10-5 是卡文迪许
用过的仪器。今天，g，R 和 G 都已经非常精确地测定了，地球的质量
由上述方程确定为（5.977 ± 0.004）$\times 10^{27}$ g。

用过的仪器。今天，g，R 和 G 都已经非常精确地测定了，地球的质量由上述方程确定为 $(5.977 \pm 0.004) \times 10^{27}$ g。

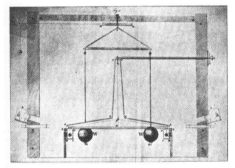

图 10-5　在牛顿时代，地球到太阳的距离并不清楚，因此牛顿万有引力公式中的常数 G 也无法得知。测定 G 的一种途径是通过实验，测量悬挂的小球（x）朝已知质量的大球 W 偏转。这个实验是由卡文迪许在 18 世纪末大约牛顿去世 70 年后完成的

用万有引力定律确定火箭脱离地球所必须具有的最低速度

如果 m 是火箭的质量，M 是地球的质量，两者相距 r，则作用在火箭上的力等于 GMm/r^2，它随 r 的增加而减小，也就是说，随火箭远离地球而减小。因此，引力阻止火箭的能力随着火箭向外运动而减弱。如果火箭点火后具有足够快的初始速度，则火箭可以飞离得很远，使地球的引力不再对它起重要作用。在这种情况下，火箭便可以脱离地球。

为了估计出初始速度 V 究竟要多大火箭才能脱离地球，我们可以借助于能量守恒方程，

不过，对于势能，需要采用比前面更复杂的公式。前面，我们用 mgh 表示 m 质量的物体上抛到 h 高度时势能的改变。只要记住在地球表面上 $g=GM/R^2$，则不难理解，当 h 比 R 小很多时，mgh 实际上等于

$$\frac{GmM}{R} - \frac{GmM}{R+h},$$

该表达式与 mgh 之间有一点微小的差别，以前我们忽略了由于到地球中心距离的变化而引起的 g 的改变。

同样，如果我们把一个质量为 m 的物体从距地球表面 h 提高到 $2h$，则势能的改变可以表为，

$$\frac{GmM}{R+h} - \frac{GmM}{R+2h},$$

假如我们以 h 的小步幅不断地增加到离地球中心有很大的距离 r 处，则可以写为

$$r=R+nh,$$

其中，步幅增加的次数 n 可以很大。在任何中间一步，例如第 k 步，势能的改变具有类似上面的表达式

$$\frac{GmM}{R+(k-1)h} - \frac{GmM}{R+kh}。$$

那么，从 R 到 r，势能总的改变是多少呢？总的改变等于把上面

每一步的改变都加在一起，容易证明，最终的结果可以简化为

$$\frac{GmM}{R} - \frac{GmM}{r}。$$

我们这里的计算步骤对于学过微积分的学生是很熟悉的。在图 10-6 中，给出了引力随 r 的变化情况。从 R 到 r 之间势能的改变刚好等于曲线下面过 R 和 r 两纵坐标线之间的面积。

若 v 是火箭到达距离 r 时的速度，则能量守恒方程的左端变为

$$\frac{1}{2}mv^2 + \frac{GmM}{R} - \frac{GmM}{r},$$
$$（动能）\quad（势能的改变）$$

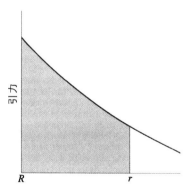

图 10-6 阴影的面积代表从距地球中心 R 处移动到 r 位置时势能的改变量，该面积等于 $GMm = \left(\dfrac{1}{R} - \dfrac{1}{r}\right)$

而在开始时，左端仅仅是 $\dfrac{1}{2}mv^2$。由于左端总是相同的，所以我们可以令两个表达式相等，从而得到 v^2，

$$\frac{1}{2}mv^2 + GmM\left(\frac{1}{R} - \frac{1}{r}\right) = \frac{1}{2}mV^2 \text{。} \tag{A}$$

　　表达式（A）的含义是什么呢？首先，当 r 增加时，对应的 v 值会越来越小。火箭损失速度是由于它不断地克服引力，在（A）式中通过势能项表示出来，和前面我们看到的一样，势能的增加来自于引力。

　　物理学家惯用势垒一词来描述这种情况。一个运动员跳过 1 米高的篱笆很容易，对一个专业运动员来说就更不在话下了。不过，每个运动员都有他（或她）自己的极限高度。在自然界，各种控制力都要对运动现象加以限制，而势垒正是表示这种限制的程度。

　　在火箭的例子里，地球的引力竖起一道势垒。和跳高运动员的势垒不一样，引力势垒在所有方向都延伸到无穷远，虽然它的"高度"在逐渐减小，一直到无穷远处减小到零。火箭在点火后必须具有多高的速度才能克服引力势垒到达无穷远呢？借助于表达式（A）不难解决这个问题。该表达式告诉我们，当 r 增加时，v 减小。我们并不希望在有限的 r 处 v 变为零，因为 v 变为零意味着火箭丧失了克服引力势垒的能力。如果火箭无法克服引力势垒，它势必重新落回到地球上（要是做得到的话）。我们能否让火箭刚好在 r 为无穷远时处于静止呢？为了找到这个问题的答案，令（A）式中的 r 为无穷大和 $v = 0$，由此得到一个简单的结果，

$$\frac{GM}{R} = \frac{1}{2}V^2$$

　　或

$$V = \sqrt{\frac{2GM}{R}} \ 。$$

这是为了让火箭刚好脱离地球，火箭点火后必须具备的速度。将 G，M 和 R 都代入已知数据，我们得到的答案是：

$$V_{逃逸} \cong 11.2 \text{km} \cdot \text{s}^{-1} \ 。$$

逃逸速度的概念在第 11 章中讨论黑洞时还会谈到。总的说来，为摆脱引力吸引需要穿越的势垒越高，逃逸速度就越大。因此，一个天体所产生的引力控制强度可以用它表面上的逃逸速度的大小来表示。

一些天体上的逃逸速度如下：

月球	$\sim 2.4 \text{ km} \cdot \text{s}^{-1}$
太阳	$\sim 640 \text{ km} \cdot \text{s}^{-1}$
天狼星的伴星（一颗白矮星）	
	$\sim 4800 \text{ km} \cdot \text{s}^{-1}$
中子星	$\sim 160\,000 \text{ km} \cdot \text{s}^{-1}$

§10-5 从牛顿到爱因斯坦

牛顿运动定律和万有引力定律圆满地为物理学家们服务了两个世纪，不仅在天文学，而且在其他学科中被广泛地应用。同时，牛顿运动定律也直接或间接地促进了物理学其他分支的发展，例如电学和磁学。尽管如此，这些定律在近代仍然经历了重要的演变，这究竟为什么呢？

　　科学定律、理论和假说的成功或失败，最终的判据取决于它们对自然现象的解释是否成功。正是由于对某些观测现象无法解释，并且与其他的理论物理学的发展出现矛盾，牛顿的物理概念最终被更深奥的概念所代替。

光不服从牛顿的相对运动概念

　　1887 年，刚好《原理》一书发表 2 个世纪之后，迈克尔逊（E.Michelson）和莫雷（E.W.Morley）在南加利福尼亚州威尔逊山上完成了一项实验，他们得出了一个惊人的结果。这个实验的简单背景情况如下。

　　19 世纪的物理学家相信光和声一样，需要一种介质来传播，这种假设的介质被称作以太（aether）。然而，验证以太存在的各种尝试都失败了。迈克尔逊–莫雷试验便是这种尝试之一，其目的是测量地球相对于以太的速度。

　　大家都知道，一只船顺流而行要比逆流快。如果 v 是水流的速度，c 是船在静止水中的速度，则船顺行的速度是

$$v+c,$$

而逆行的速度减小为

$$c-v。$$

计算表明（图10-7），当船与水流方向垂直运动时，其速度为

$$\sqrt{c^2-v^2}。$$

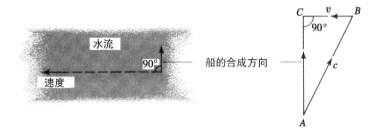

图 10-7　为了垂直横穿河流，船必须沿斜线 AB 行驶，同时必须给船一个逆流速度分量 v 去抵消河水的下流。因此，在三角形 ABC 中，BC 等于顺流速度 v，AB 等于 c，AC 垂直于 BC。根据勾股定理，$AC^2 = AB^2 - BC2 = c^2 - v^2$ 由此得出，船在所要求方向上行驶的合速度是 $\sqrt{c^2-v^2}$（参考 §10-3 中有关速度矩形的讨论）

　　在上述讨论中，如果把"船"看作是"光"，"水流"看作是"以太"，迈克尔逊-莫雷的实验原理便清楚了。由于地球在旋转，假定其表面速度为 v，则应该存在着以太自东向西的飘移（与地球自转的方向相反），这样一来，光沿东西方向往返距离 L 所需的时间是

$$\frac{L}{c+v}+\frac{L}{c-v}=\frac{2Lc}{c^2-v^2}。$$

但是，如果光沿南北方向做类似地往返运动，即垂直于以太的飘移方向，则需要的时间为

$$\frac{2L}{\sqrt{c^2-v^2}},$$

也就是说，与沿东西方向相比，时间缩短了，两者之比为

$$\sqrt{1-\frac{v^2}{c^2}}\text{。} \tag{B}$$

尽管迈克尔逊和莫雷的仪器灵敏度足以测量只及（B）的百分之一的效应，但他们仍没有观测到南北方向时间有丝毫的缩短。

　　在 19 世纪的最后 10 年，这一结果为零的实验在科学家们中间引起了巨大的震惊，他们不仅开始怀疑以太的存在，而且怀疑从牛顿以来已经认为建立得很好的各种基本运动概念。庞加莱（H. Poincare）、费兹捷拉德（G. F. Fitzgerald）和洛伦兹（H. A. Lorentz）都试图解释迈克尔逊-莫雷实验的结果，但他们的解释总是具有临时应付的性质。只有到了 1905 年，爱因斯坦（图 10-8）才从根本上提出了全新的解释。

§10-6　狭义相对论

对所有惯性观测者来说光速是相同的

　　惯性观测者，是指他在直线方向上以匀速运动，也就是说，没有外力作用在他身上。

　　迈克尔逊和莫雷的零结果表明，光速在南北方向和东西方向上是一样的。爱因斯坦仿效庞加莱，把光速取为常数看作是一条基本原理。这样一来，爱因斯坦便面对着由这一原理所导出的各种奇怪的和看上

图 10-8 　爱因斯坦（1879—1955）。他正坐在瑞士伯尔尼市帕坦特办公室他的
桌子旁，他作为一名职员在那里工作，也就在那时他提出了狭义相对论

去似是而非的现象。

　　假定两个观测者在某一方向上具有相对速度 v，根据牛顿的运动观念，如果一个观测者在另一个观测者的方向上测得光速是 c，则另一个观测者测得的光速应该是 $c±v$。但是，根据光速为常数的假设，两个观测者都应该看到光以速度 c 传播。显然，牛顿的速度合成原理必须修改。由于速度的含义是一段空间距离与一段时间之比，因此这条基本原理的重要意义在于，我们日常生活中关于空间距离和时间间隔的测量概念都必然是错误的。

测定物理事件发生的时空位置并不是单一的

狭义相对论——爱因斯坦的新思想所赋予的称呼，完全摒弃了通常意义下的基本宇宙时，或所谓的绝对时间的概念。牛顿物理学认为，这种时间对所有的观测者都是存在的，每一个惯性观测者都有他自己的时间，称作他的原时，原时可以用他自己的钟去测量。但是，如果他将自己的钟与从他旁边闪过的另一个惯性观测者的钟相比较，并暂且采用下面所要描述的十分明确的方法，那么他会发现，与他自己的钟读出的时间相比，对方的钟走慢了。对于一个以速度 v 从他旁边闪过的观测者来说钟慢了，两者之比为

$$\sqrt{1-\frac{v^2}{c^2}}\,。$$

这个因子与前面迈克尔逊-莫雷实验所涉及的因子完全相同。

正如相对论一词的含义所指，这些效应并不是绝对的，而是相对的。在上述的例子中，从第二个观测者的角度去看，会发现完全相同的现象！初看起来，这似乎是荒谬而不可能的，但是，稍加分析我们会发现，实际上并不存在着矛盾。为了便于理解，讨论两个惯性观测者 A 和 B，在图 10-9 中，我们给出了观测者 A 的时空图。

时间坐标轴所代表的是所谓 A 的世界线，也就是说，这条线告诉我们在任一特定时间 A 在时空图中的位置（因为我们是在 A 的静止惯性标架中测量时间 t，所以在任意给定时间，A 的位置总是相同的）。类似地，与时间轴倾斜的另一条直线是 B 的世界线。当 t=0 时，A 和

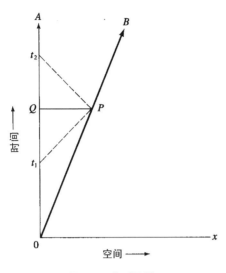

图 10-9　时间延迟现象

B 处在相同的位置上。而且，A 和 B 在这一瞬间相互交会时，把他们的钟都拨到零点上。

　　为了在以后的时间找到 B，从 A 发出一个光讯号，t_1 时离开 A，再从 B 反射回来，t_2 时回到 A。于是，A 认为光走过的总距离是 $(t_2 - t_1)c$，一半是朝向 B，一半是从 B 返回。因此，在光讯号反射回来的瞬间，A 认为 B 的距离是 $(t_2 - t_1) \cdot c/2$（反射点如图 10-9 所示处于 B 世界线上的 P 点，虚线代表的是光迹）。从 A 的角度考虑，反射发生在一半的时间上，即 $(t_1 + t_2)/2$。因此，观测者 A 的结论是，B 以下面的速度远离他而去：

$$v = \frac{t_2 - t_1}{t_2 + t_1}c \text{。} \qquad (\text{C})$$

那么，B 的钟在 P 点所记下的时间应该是多少呢？是否如 A 所认为的是 $(t_1+t_2)/2$ 呢？为了寻求这一问题的答案，我们求助于 A 和 B 之间的基本对称性。注意到光是在 t_1 时离开 A，在 P 点到达 B，假定 B 记录到的时间是 βt_1，β 是一个常数因子。容易理解，如果 A 在 $2t_1$ 时再发一个光讯号，则 B 应该在 $2\beta t_1$ 时接收到，依此类推。显然，B 和 A 之间都应该采用相同的因子 β。也就是说，如果 B 按自己的表在 τ 时向 A 发一个光讯号，则按 A 的钟测量，必然是在 $\beta\tau$ 时到达 A。我们可以巧妙地利用 A 和 B 之间的这种对称性来确定 β。我们已经注意到，根据 B 的钟，在 P 点的时间是 βt_1。因此，当讯号从 B（由 P 点发出）返回来时，根据 A 的钟，时间必然是 $\beta \times \beta t_1 = \beta^2 t_1$。于是，我们有

$$\beta^2 t_1 = t_2。$$

利用公式（C），通过消去比值 t_2/t_1，不难得出表示 β 与 v 之间的关系方程必然是

$$\frac{v}{c} = \frac{\beta^2 - 1}{\beta^2 + 1},$$

或者

$$\beta = \sqrt{\frac{c+v}{c-v}}。$$

于是，根据 B 的钟，P 点的时间必然是

$$\tau = t_1 \sqrt{\frac{c+v}{c-v}}。$$

如何将 B 的时间 τ 与 A 认为的时间相比较呢？A 认为是

$$t = \frac{t_1 + t_2}{2} = t_1 \frac{c}{c - v} \ ,$$

因此，我们得到

$$\tau = t \sqrt{1 - \frac{v^2}{c^2}} \ 。$$

该式意味着，如果 B 在 P 点把他的时间 τ 用光讯号发送给 A，则 A 会发现 B 的钟与他自己的钟相比慢了一个因子

$$\sqrt{1 - \frac{v^2}{c^2}} \ 。$$

请注意，B 也可以进行同样的反射实验，和 A 做的完全一样，于是 B 也会得出类似的结论，A 的钟与他自己的钟相比也慢了完全相同的因子！确实奇怪，这里并没有自相矛盾。只有当 A 和 B 在所有的时间都处在相同位置，因而他们都能注意到对方的钟慢了时才会引起自相矛盾。

值得强调的是，这些结论都是在下述假设下得出的：光速是常数（$=c$）；惯性观测者（A 和 B）之间是对称的。虽然上面描述的是一个理想实验，但是可以把它转换为可供实际观测的现象。例如，把因子 β 看作是 A 的钟在他发出光讯号时的时间与 B 的钟在他收到光讯号时的时间之比。如果 A 不停地向 B 发出一定频率 v 的光波，而 B 接收到时，不再是相同的频率 v，而是减小了的频率 v/β，因为存在着时间

放长因子 β。这便是著名的多普勒效应，在附录 C 中做了详细的讨论。时间延迟因子

$$\sqrt{1-\frac{v^2}{c^2}}$$

的存在还可以从实验上加以验证，在附录 A 中描述了这样的实验。

　　尽管如此，由于这类效应十分反常，使得 20 世纪初的许多著名物理学家一直怀疑光速不变假设是否可靠。时间测量居然得不到绝对的结果，这一事实震惊了按牛顿的传统观念培养出来的人。然而，狭义相对论在数学上的完美性变得越来越明显。爱因斯坦理论的影响之一，是迫使物理学家不能再把单纯的空间测量与单纯的时间测量分离开来，两者必须结合起来。闵可夫斯基（H.Minkowski）采用一种新的几何学首先实现了把时间和空间结合起来，我们把这种几何学称作狭义相对论几何学。

物体的质量与它的运动有关

　　相对论的新概念也导致了对牛顿动力学的修正。在牛顿系统中，一个物体的质量永远是相同的，不管物体是否处于静止状态。而在狭义相对论中，如果一个物体相对于测量仪器是静止的，测出的质量是 m_0；那么，当物体以速度 v 相对于测量仪器运动时，其质量就会变为 $m_0\gamma$；γ 是前面刚算出的减慢因子的倒数，即

$$\gamma = \frac{1}{\sqrt{1-v^2/c^2}}。$$

在实际实验中，我们并不测量物体的质量，而是测量动量。对于一个静止质量是 m_0、以速度 v 运动的质点，其动量并不是按牛顿力学那样为 $m_0 v$，而是

$$mv = \gamma m_0 v$$

利用碰撞实验可以测量动量。在一个典型的碰撞过程中，所有参与的质点的总动量是守恒的，也就是说，碰撞前的总动量等于碰撞后的总动量。牛顿动力学的这一结论过渡到狭义相对论时，需要对动量的定义做同样的修正。在加速器里进行的快速粒子（$v \approx c$）的碰撞实验证实了 γ 因子的存在。

当 v 增加到接近 c 时，γ 迅速增大，$v=c$ 时变为无穷大。从物理角度来看，$v=c$ 时变为无穷大表明，使一个物体的速度增加时，越接近 c 越困难。根据第二运动定律，当 $v \to c$ 时，需要的力迅速增加，直到无穷大。因此，技术上不可能做到把一个物体的速度增加到光速。光速被证明是任何物体运动的上限，永远不可能达到。

光本身是什么呢？量子力学已经证明，光可以解释为量子流，这些携带能量的量子通常被称为光子。被设想为粒子的光子怎样会以光速传播呢？答案是，因为光子的静止质量为零，实际上一般的规律是，所有静止质量为零的粒子都以光速运动。

科学家们曾经推测，是否存在着第三类粒子，称作快子，其传播速度永远比光速快（图 10–10）。如果我们画出光粒子（光子）的时

空图，光子从原点出发，在时间 t 离原点的距离是 $r=ct$。光子的轨迹在四维时空（三维空间加一维时间）中形成一个超锥。物质粒子（有时也称之为慢子）的轨迹总是处于锥的里面，而快子的轨迹则处于锥的外表，这个锥称之为光锥。到目前为止，寻找快子存在的实验都失败了。

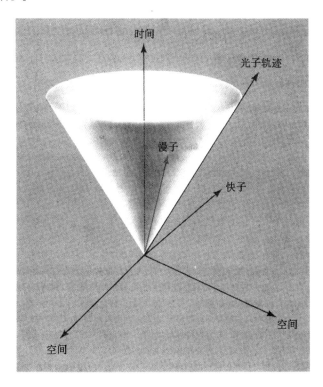

图 10-10 光锥

质量和能量之间存在着一个等式，即 $E=Mc^2$

在相对论时代之前，科学家们已经建立起了两个性质各异的守

恒定律 —— 一个是质量守恒定律，另一个是能量守恒定律。狭义相
对论认为，质量转化为能量是可能的，简单的等式关系通常都表示为
$E=Mc^2$。例如，取 $m=1\,\mathrm{g}$，$c=3\times10^{10}$ 厘米·秒$^{-1}$，则毁灭 1 g 物质所产
生的能量为 9×10^{20} erg，这些能量足以使 30 000 吨冰在正常大气压
下沸腾起来。

　　这样的关系并非是理论学家的梦想，它已经在 1945 年通过原子
弹爆炸的方式付诸实际。今天，核反应堆产生的能量就是来自参与反
应的粒子的质量。同样的原理支配着恒星内部的能量产生，并使恒星
长期地发光。

　　考虑静止质量 m_0 和运动质量 $m=m_0\gamma$ 的等效能量，它们的能量
差为

$$(m_0\gamma - m_0)c^2 = m_0\left(\frac{1}{\sqrt{1-v^2/c^2}} - 1\right)c^2 \text{。}$$

这部分能量属于动能，也就是说，是由于运动获得的能量。当 v 小时，
可以证明只要把根号中的表达式作二项式展开（小的项可以忽略），
该动能公式便简化为 $\frac{1}{2}mv^2$，正好是以前得到的牛顿表达式。这样推
出牛顿表达式也是对质量和能量等价性的一个验证。

　　若 v 比 c 小很多，牛顿定律仍然是近似有效的。即使像宇宙飞船
离开地球的速度，牛顿定律仍然是完全适用的理论。

　　试举一例，对于地球的逃逸速度 v，比值 $(v/c)^2$ 小于一百亿分

之 14，若略去这一百亿分之 14，便是用牛顿定律测出的近似值。但是，在天文学中却经常碰到非常快速的粒子，例如最快的宇宙线粒子，速度接近于光速，两者相差不到 $5/10^{25}$，这些粒子的 γ 值高达 10^{12}。对于这类粒子，我们不能再用牛顿的概念，像第 4 章中由同步加速过程引起的射电波辐射，以及第 7 章中由逆康普顿过程引起的 X 射线辐射，与这些辐射相应的粒子，牛顿的概念都不适用。

爱因斯坦把他的狭义相对论观点推广为下述的普遍原理：所有的物理规律对于所有惯性观测者来说都是相同的。这一原理虽然还没有彻底地得到验证，但是到目前为止，从所有的实验看来都是和它相符的。重要的一点在于，没有一种物理讯号（包括有质量粒子和零静止质量粒子——例如光子的讯号）其传播能够超过光速。这一事实促使爱因斯坦进一步去验证另一个公认的牛顿概念——万有引力定律，我们将会看到，由此怎样使他得出了广义相对论。

§10-7　广义相对论

尽管牛顿的平方反比定律一直应用得很好，但把它摆在狭义相对论面前就表现出某些概念性的问题。反过来，万有引力现象又对狭义相对论提出了概念性问题。爱因斯坦为了同时解决这两方面的困难，于 1915 年提出了广义相对论。广义相对论是一种完全新颖的概念上的发展，甚至于当它初获成功时，很少有人能够理解它的全部意义。我们在这里仅仅是简要地介绍这一理论的基本特征，而不陷入复杂的数学细节中去。让我们首先来讨论上述的困难问题和爱因斯坦提出的解决方案。

引力是时空几何的一种表现

根据牛顿的平方反比定律，引力在两个物体之间是瞬时起作用，而不管它们之间相距多远。这种观点是与狭义相对论相违背的，狭义相对论认为，物体间相互作用的传播不可能比光速快。为了说明它们之间的区别，我们来讨论下述的理想实验（图 10-11），如果太阳突然脱离太阳系，我们在地球上将过多久发现这一事件呢？根据牛顿的平方反比引力定律，地球上会立即受到它的影响。地球将沿切线方向脱离它的椭圆轨道，沿直线继续运动下去。但是，根据爱因斯坦的狭义相对论，这一信息至少在太阳脱离后 8 分钟左右才能到达地球，因为光从太阳传到地球大约需要 8 分钟。

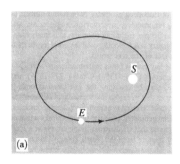 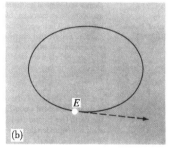

图 10-11　在图（a）中，地球沿椭圆轨道绕太阳运动。如果太阳由于某种原因突然消失，地球将沿切线方向脱离轨道，如图（b）中虚线所示。按牛顿的引力论，这是瞬即发生的。但是，光从太阳传播到地球需要大约 8 分钟，因此，地球上的人在这一事件发生后大约 8 分钟才能"看见"太阳消失

根据惯性观测者的定义还会出现新的问题。这样的一个观测者应该不受任何外力，但是，在宇宙中的任何地方能有物体不受外力作用吗？略加思索就会理解，所有的物理体系，不管是有生命的或无生命的，都要受到万有引力的作用，这是一种不可能关掉的力。电力或磁

力都可以关掉，或者用适当的屏蔽方法排除，唯有引力任何方法都无法摆脱。唯一的方法是远远地离开所有的物体，以达到近乎于没有引力的状态。但是，这样的处理方法对于地球上的科学家或者研究宇宙的天文学家都是难以使用的。因此，在有引力存在的情况下，即使狭义相对论也需要加以修正。

爱因斯坦为了排除惯性观测者的上述困难，他把引力看作是时空本身具有的无法摆脱的一种特性，是某种比占有时空的实体远为本质的东西。他的根本解决方法是把引力的存在与时空的几何性质统一起来。爱因斯坦的引力理论，即所谓广义相对论，其出发点是基于下述的概念：由于物质的存在，时空的几何学是非欧几里得的，而时空的非欧性质则在万有引力现象中表现出来。

欧几里得（大约公元前 300 年）最早奠定了目前学校里所学的几何学的系统性基础。欧几里得几何建立在一套数学公理的基础上，根据这套公理，便可以导出各种形状和大小的图形。欧几里得几何的原理在日常生活中被广泛地应用，诸如在测量、工程和导航等领域。正因为如此，使得人们，包括科学家和数学家在内，都确信欧几里得几何学是唯一可能的几何学，无论是作为数学体系，还是表示真实的世界都是如此。

这种信念在 19 世纪遭到了彻底的破坏，甚至连数学家也牵连在内。罗巴切夫斯基（Lobachevsdy，1793 — 1856）、高斯（Gauss，1777 — 1855）和鲍耶（Bolyai，1802 — 1860）证明，改变欧几里得公理体系，可以得到另外的几何学, 在数学上同样是自洽的 [1]。这些几何学都称之为非欧几何学。

作为非欧几何的一个例子, 我们来讨论地球的球形表面 (图 10-12)。假定有一只信天翁总是飞在一定的高度上, 从北极 N 开始它的旅行, 沿着格林尼治子午线一直南下, 到赤道后向左转。然后沿赤道直飞, 飞过地球赤道的 1/4 之后, 再向左转, 沿 90° 子午线再向北飞。当它飞到北极 N 时, 会发现飞来的方向与离去时的方向刚好成直角。

现在, 我们来看一看图 10-12 中由信天翁飞过的三角形 NAB。这个三角形具有 3 个直角, 这种情况完全不符合欧几里得法则, 按欧几里得法则, 每个三角形的内角加在一起一定是 2 个直角。这是否意味着欧几里得错了呢? 欧几里得在他自己的几何学研究范围内是正确的, 而在图 10-12 中, 我们没有采用欧几里得几何。

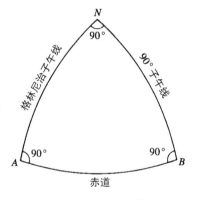

图 10-12　地球表面上的一个三角形, 顶点为 N, A 和 B, 它具有 3 个内角, 每个内角都是直角

球面上的几何学与欧几里得几何学在其基本研究范围内有什么不同呢? 差别在于所谓平行公设, 欧几里得认为, 给定一条直线 l 和

线外一点 P（图 10-13），通过 P 点能够作一条而且仅能作一条直线平行于 l。这对于日常生活里的概念来说是显然的，但实际上却似乎是（应该说的确是）错误的。然而，在一个球的表面上，欧几里得的公设是不正确的。通过 P 点的所有直线是一些大圆弧，它们都与 l 相交。除此之外，还有与球面上的几何学很不一样的其他一些非欧几何学，对于这种几何学，过 P 点可以画出一条以上的直线平行于 l。

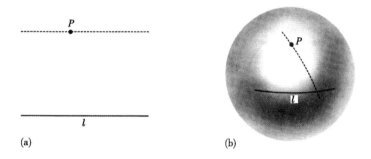

(a)   (b)

图 10-13　欧几里得提出的平行性公设，认为通过不在直线 l 上的一点，能够画一条而且仅能画一条直线平行于 l。这对于平面上的直线 l 和 P 点是正确的 [图 (a)]，但对于球面却是不正确的 [图 (b)]。对于后者，所有过 P 点的直线都与 l 相交

　　正是爱因斯坦，第一个天才地揭示出非欧几何学在描写引力问题上的潜力。

§10-8　爱因斯坦的引力论

　　为了了解广义相对论是如何处理和解释引力问题的，让我们来讨论一个简单的例子，一个球以初始速度 v_0 垂直上抛。我们已知道，根据牛顿的第二运动定律，球上升到高度 $v_0^2/2g$，然后开始下落（ g 是重

力加速度）。在图 10-14 中，把球到达的高度 $h = v_0 t - \frac{1}{2} g t^2$ 作为时间 t 的函数画出来，得到的曲线是一条抛物线。假如没有引力，球会不停地以速度 v_0 垂直向上运动，这时其轨迹将沿着图 10-14 中的虚直线。在牛顿的框架中，我们认为虚线是没有外力的情形，而实线是由于地球的引力形成的，其运动状态的改变服从力等于质量乘加速度这条定律。因此我们认为，轨迹的变弯是由于引力的作用。

在纯引力情况下，质点沿非欧几何的直线运动

爱因斯坦的观点与众不同。他认为，讨论图 10-14 中的虚直线是没有意义的，因为没有引力的情形在自然界中是不可能得到的。自然界中唯一真实的轨迹是图 10-14 中的实线。因此，如果曲线是唯一真实的，为什么不能把它看作描写了直线上的匀速运动呢？

初看起来，这种想法近乎是荒谬的，不过，让我们进一步来考查一下，所谓直线指的是什么？直观的定义是"距离最短的线"或者"不改变方向的曲线"，这些定义都依赖于我们如何测量距离和方向。如果我们服从欧几里得的法则，虚线显然是直的，而实线不是。但是，如果我们改变了几何法则又怎样呢？在非欧几何里，有可能把图 10-14 中的实线作为直线，把虚线作为曲线，与欧几里得几何刚好相反。这正是爱因斯坦观点的关键。地球引力使地球邻近区域内的几何成为非欧几何，并且恰好使得图 10-14 中的实际运动轨迹代表了沿直线的匀速运动。注意，现在我们回到了第一运动定律，这是因为引力作为一种力已经不存在了。它已经作为时空几何的一种性质而赋予了全新的解释，这里的几何学便是非欧几何。

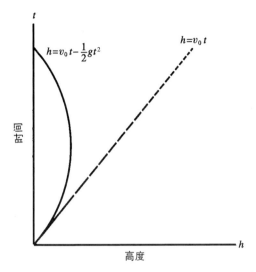

图 10-14 实线表示一个质点以初始速度 v_0 垂直上抛的世界线。若不存在地球的
引力，质点会沿虚直线运动（第一运动定律）。根据牛顿的体系，是地球的引力所提
供的力使轨迹弯曲。而根据爱因斯坦的观点，时空的几何形状被地球的引力改变了，
因此实线所代表的是非欧时空中一条直线上的匀速运动

　　所有受引力作用的现象都可以做同样的重新解释。因此，太阳周
围的时空几何应该是非欧几何，并且恰好使得行星绕太阳的轨道可以
看作为一些作匀速运动的直线轨迹。

水星近日点的进动证实了广义相对论

　　为了得出行星是如何绕太阳运动的，牛顿写出了一些运动方程，
这些运动方程根据力的反平方定律给出加速度。通过解这些方程，牛
顿定出了行星的轨道。在爱因斯坦的理论里，解题的步骤完全不同。
第一步，首先写出爱因斯坦的数学方程，要考虑的物质是太阳。爱因
斯坦于 1915 年首先得出这个问题的近似解，然后在 1916 年，史瓦西

（K.Schwarschild）彻底解决了这个问题。第二步，计算短程线[1]，之所以起名短程线，是由于它指的是非欧几何的直线。然后从短程线中选出一条，用来描述在爱因斯坦广义相对论中的行星运动。

其实，所得出的行星轨道与牛顿理论的结果是一样的，只有水星有微小的差别，而且只表现在一个不太重要的方面。图 10-15 示意性画出了水星的轨道，P 点是轨道上离太阳 S 最近的点，叫作近日点。在牛顿理论中，如果忽略其他行星的引力效应，水星应该在同一个椭圆轨道上周而复始地运动。但在爱因斯坦理论里，轨道会慢慢地转动。也就是说，每运转一周之后，近日点从 P 移到 P'，如图 10-15 所示。这种位移称为水星近日点进动。为了明显起见，图 10-15 中的进动现象夸大了很多。广义相对论所预言的进动量是 SP 方向每百年位移的角度是 43″（大约是 1 度的百分之 1.2）。

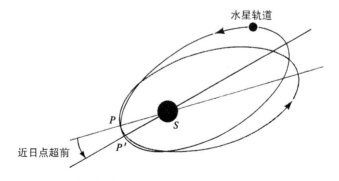

图 10-15　水星的轨道，轨道扁心率做了夸大。在 19 世纪，法国天文学家维里（U. J. J.Verrier）发现，轨道的转动量不能全部解释为其他行星对水星的引力作用

---

1. 又称测地线。——译者注

特别值得指出的是，经过多年的观测发现，实际上水星的近日点每百年进动约 575″。在这一进动速率中，除去 43″ 以外，都可以解释为其他行星对水星的影响。但大约每百年 43″ 的纯差异仍然需要做出解释。广义相对论正好预言了牛顿理论无法解释的这部分位移量，这一事实对于爱因斯坦在提出他的理论时所依据的一些看上去很奇怪的想法来说是一次巨大的胜利。

光同样沿着非欧几何的短程线传播

下面是证实爱因斯坦的非欧几何思想的另一个例子。假定我们画一个三角形围绕太阳，三条边都很靠近太阳的表面。如图 10-16 所示，三角形的三条边现在是按非欧几何来画的。那么，三个角加起来会是 180° 吗？爱因斯坦方程预言，这三个角之和会稍稍超过 180°。

事实上，不可能有真实的实验把图 10-16 中的角加在一起；但是，

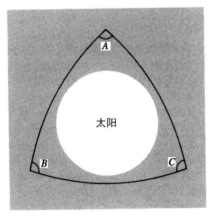

$$A + B + C > 180°$$

图 10-16　由光线轨迹绘成的一个三角形，当光线围绕一个像太阳一样有巨大质量的天体时，三角形的三个内角加在一起会超过 180°

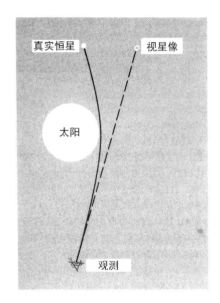

图 10-17　日食期间，当一颗恒星靠近太阳而被遮掩时，其方向会发生改变，这是由于引力效应对光线轨迹的影响

做了变化的这一类实验却实现过若干次。在空间如何画直线呢？我们利用爱因斯坦理论的一个重要结论，即光线是沿直线传播的。在图 10-16 中，如果按牛顿概念来理解，所有的线看上去都是弯曲的。光走过的这些线之所以呈现弯曲，是由太阳的引力造成的，引力像吸引其他粒子一样吸引光子。图 10-17 描述的是实际情况，光从一颗遥远的恒星掠过太阳边缘，由于被太阳弯曲，恒星的视线方向看上去发生了变化（图 10-17 中的虚线所示）。相对论所预言的弯曲角度为 1.75″（大约是 1 度的 5/10000），其中有一半可以从牛顿理论得出[1]。

由于实验上存在许多困难，用可见光测量图 10-17 中的偏转现象没有得出肯定的结论。最近，利用射电波和微波技术进行类似的测定，肯定了爱因斯坦预言的 1.75″。不过，仍存在着小的误差。由此可见，这不仅是广义相对论的另一项胜利，而且也是新测量技术的一项成就。

---

1. 这种提法是基于改进的牛顿理论，认为光子 —— 光的载体粒子 —— 也受牛顿引力定律的支配。原始的牛顿理论没有这样的要求，因此不会有光线弯曲现象。

§10-9　万有引力与天文学的关系

我们已经了解了描述引力的两种方式。牛顿方式容易理解，也易于应用。但是，由于它与狭义相对论不一致，存在着一定的概念性的困难。广义相对论不存在这类困难，但是它是以一种更为微妙和间接的方式来处理引力问题。天文学家应该采用哪一种理论呢？

一种经验的判断根据如下：若讨论一个质量 M、距离 r 的天体的引力效应，我们可以构造一个无量纲参数：

$$\alpha = \frac{2GM}{c^2 r},$$

其中 c 是光速，G 是引力常数。如果 α 非常小（$< \sim 10^{-3}$），则可以放心地应用牛顿理论；反之，如果 α 接近 1，则必须应用爱因斯坦理论。若 α 的值介于中间范围，则可应用一种过渡的方法，称作后牛顿近似。

后牛顿近似本质上是相对论性的，但做了简化，看上去类似牛顿理论。表 10-1 列出一些天体系统 α 的数值。

表 10-1　　　描述各类天体系统应采用的引力理论

系统	α	应该用的理论
地球附近的太阳引力	10^{-8}	牛顿
普通恒星的表面和内部	10^{-6}	牛顿
白矮星的表面和内部	10^{-3}	后牛顿近似
中子星的表面和内部	10^{-1}	后牛顿近似
黑洞	1	爱因斯坦
宇宙	10^{-2}–1	爱因斯坦

在下一章中，我们将讨论黑洞和白洞。广义相对论在这一重要研究领域里最近取得了出色的成就，使之成为物理学的理论前沿。

第 11 章
黑洞

§11-1 引言

在第 10 章中我们已经看到，对于地球上的和太阳系里的现象，从实用观点出发，用牛顿的运动概念加上狭义相对论的时空几何便可以充分地加以描述了。的确，在太阳系里摒弃牛顿的引力论只是概念上的考虑，并没有实际上的意义。只有当时空的引力歪曲很大时，广义相对论才显示出与牛顿理论有实质上的差别。本章中，我们将讨论出现这种情形的两种天体 —— 黑洞和白洞。这两种天体目前还仅仅是理论家脑子里的概念，到撰写这本书时为止，还没有直接的肯定事例表明它们在宇宙中存在 [1]。这些天体是将爱因斯坦理论推到极端情况下的产物，因此还只是一种推测。在最近几年里，理论天文学家的想象力被这些天体（尤其是黑洞）点燃了。实际上，很难发现，在近代天文学的哪一个领域里，会由于某种原因而不提到黑洞。

有关黑洞的文献可以划分为两类。一类体现了理论上取得的许多成就，专业水平很高；另一类则是在专业水平很低的情况下写出的，

---

1. 今天，天文学家普遍认为，已经探测到许多黑洞的事例，从恒星量级的黑洞到星系量级的黑洞。对于白洞，则缺乏有力的观测证据。—— 译者注

描写肤浅，引起了许多要求回答的问题。本书并非属于前一种类型，但是通过引入一些初等的数学，也尽量避免出现后一种情形（上一章中引入的一些概念仍然是有用的）。

§11-2　逃逸速度

黑洞所以是黑的是由于光无法从黑洞中逃出来

黑洞的概念要追溯到 1799 年，当时拉普拉斯[1]（图 11-1）提出了一条原理：一个重物体的吸引力有可能非常之大，甚至连光都无法从它那里发出来。

图 11-1　拉普拉斯

在 §10-4 里，我们曾讨论过逃逸速度的概念。就地球上而言，从表面抛出一个物体，要摆脱地球引力的束缚，需要的最低速度是每秒 11.2 千米左右。一般说来，一个质量为 M、半径为 R 的物体，其逃逸速度由下式给出：

---

1. 1799 年拉普拉斯发表了一项证明：质量和密度都很大的物体会成为不可见的。这些证明的译文发表在德国天文学杂志上，可以在霍金（S.W.Hawking）和埃利斯（G.F.R.Eills）合著的《时空的大尺度结构》（剑桥大学出版社，1973 年）一书的附录中找到。其实在拉普拉斯之前，一位英国物理学家米切尔（J.Mitchell）就已经预言过黑洞的概念。1783 年 11 月 27 日米切尔在皇家学会上宣读了一篇论文，题目是"论发现恒星的距离、星等……的方法，光速减慢的后果，这种光速减慢应该出现在任何一颗恒星上，为了进一步的需要应该通过观测得到其他一些这类资料"。在这篇论文中，除了有关恒星的一些计算外，米切尔还给出了在牛顿框架中黑洞的基本原理。

$$v = \sqrt{\frac{2GM}{R}}。$$

假如达到 $v=c$ 会怎样呢? 在这种情况下, 即使质点以光速 c 抛出, 也无法摆脱质量 M 的引力场。由于光(即光子)和其他物质粒子一样都要受万有引力的作用, 质量 M 的物体不再被远处的观测者所看到。无论是它自身发出的光(如果它发光的话), 或者通过它的表面散射或反射其他光源的光, 都无法逃离出来, 这样的物体便称为黑洞。黑洞并不意味着黑洞内的观测者看不到光, 而是说它不能被远处的观测者所看到。

上面的公式和拉普拉斯所采用的公式本质上是一样的, 由此可知一个质量为 M 的黑洞, 其半径不会超过

$$R_s = \frac{2GM}{c^2}$$

如果取 M 等于地球的质量, 5.977×10^{27} g, 则 R_s 只有 1 cm 左右; 而如果取 M 等于太阳的质量, 则 R_s 也只有大约 3 km。地球的实际半径大约是 6 400 km, 而太阳的实际半径大约是 700 000 km。这些数字给出了某种概念, 一些熟知的天体在成为黑洞之前需要多么剧烈地收缩。那么, 这样的收缩会发生吗? 在牛顿和爱因斯坦两种框架中来讨论这个问题都是很有意义的。

§11-3　牛顿引力框架中的引力坍缩

如果一个系统被引力征服，引力会越来越强

万有引力在许多方面很特殊，在第 10 章中我们曾讨论过它的某些特性。现在让我们来精心描述一下引力坍缩的现象。为了将万有引力与自然界中发现的其他的力相对比，首先讨论下述的例子。

设想两块物体用一根弹簧连接。在图 11-2 中，连接两块物体的弹簧被拉长，超过了它的自然长度。弹簧的弹性力要求收缩，结果两块物体会相互吸引。如果把物体松开，它们会在弹簧弹力的作用下相向运动。图 11-3 示出了稍后的状态，两块物体继续相向运动，于是弹簧不断变短，恢复到它的自然长度。这时，不再存在收缩的倾向，吸引力消失。但是，两块物体还会继续运动，使弹簧继续变短，直到出现了弹性斥力。弹性斥力最终使两块物体瞬间处于静止状态，之后便朝两边分开。

图 11-2　两块物体由于拉开的弹簧超过了它的自然长度而相互吸引，按箭头所示的方向收缩

图 11-3　弹簧在恢复到它自然长度的瞬间，两块物体之间的力消失。但是，由于它们已经获得速度，因此会继续按箭头方向运动

图 11-4 所表示的是当两块物体之间存在着万有引力时的情形。

若两块物体的质量分别为 M_1 和 M_2，初始距离为 R，则引力为

$$\frac{GM_1M_2}{R^2},$$

当物体屈服于引力的作用相向运动时，引力并不会减小。当后来某一阶段它们之间的距离减小到 r 时，引力反而增大到

$$\frac{GM_1M_2}{r^2},$$

若 r 减小为 1/10，引力会增大到 100 倍！

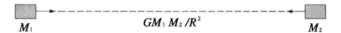

图 11-4　M_1 和 M_2 之间反比平方引力会由于它们在引力作用下彼此接近而增加。例如，当 M_1 和 M_2 之间的距离减小一半时，引力将增大 3 倍

　　对于自然界中的大多数力，当力所作用的系统屈服于力的作用时，力会减小，弹簧便表现出这种特性。但是，万有引力却不一样，当系统屈服于引力时引力便增强，结果系统被迫越来越屈服，直到最后出现灾难性的结果，即所谓引力坍缩。

　　我们来讨论一个球形物体，如图 11-5 所示。设想这个物体是一个尘埃质点球，内部没有压力，所有的尘埃质点都相互吸引，结果整个球开始收缩。这种收缩会导致尘埃质点彼此接近，从而增加了它们之间的吸引力，整个球会越来越快地收缩。这样下去会持续多久呢？一直到所有的尘埃质点都聚在一起，整个球缩为一点为止！这样的过程 —— 即所谓坍缩现象（爆发的反过程）—— 当向内的速度不断增

加时便会发生。

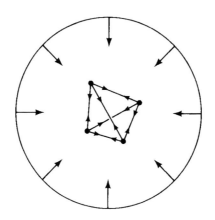

图 11-5　尘埃质点球的所有质点都彼此相互吸引，图中绘出了几个代表性的质点，其结果是质点球整体地收缩

若没有内部压力，太阳会在 29 分钟内坍缩成一个黑洞

设想，若太阳内部的压力突然消失，会出现什么情形呢？太阳会像尘埃质点球一样开始收缩，先是缓慢地，然后迅速加快，最后将收缩成一点，整个过程只需要不到半个小时。图 11-6 绘出了太阳在这样的假设条件下的坍缩过程，图中以太阳的半径和时间为坐标，$t=0$ 是收缩开始。请注意最后阶段，R 迅速地减小为零，这种现象便是引力坍缩。

而事实上，太阳是一个非常稳定的天体，虽然它在自身引力下具有很强的收缩趋势，但是强大的内部压力阻止了这种收缩，内部压力和引力之间保持了平衡。压力主要来自太阳内部热核反应所产生的热

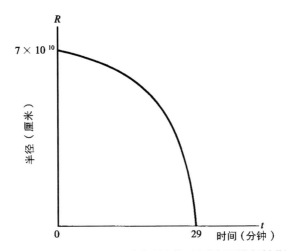

图 11-6　在没有压力的条件下，引力将引起坍缩，太阳会在不到半小时内从目前的状态坍缩为一点

（参见第 8 章）。只要一颗恒星具有供燃烧的核燃料，它通常就可以产生足够的压力去抗衡引力。但是，一旦核燃料耗尽时，又会怎样呢？待根据爱因斯坦的引力论讨论过引力坍缩之后，我们再回答这个极为重要的问题。

§11-4　广义相对论框架中的引力坍缩

在第 10 章中我们已经看到，引力效应在广义相对论里是通过由物质的存在所决定的非欧几何的形式来表现的（在 §8-4 中曾用非欧几何讨论了一些例子）。现在我们来讨论非欧几何是如何体现在守时装置——钟上的，首先讨论非坍缩天体的简单情形。

从引力场发出的光具有红移

设想两个观测者 A 和 B，观测者 B 位于质量为 M 和半径为 R 的非坍缩球体的表面（图 11-7），而观测者 A 相距很远。我们会直觉地认为，物体的引力效应在 B 附近很强，在 A 附近很弱，甚至 A 附近的引力效应可以忽略。若 A 和 B 都备有一座有同样结构的钟，那么，两处的钟是以相同的速率运转吗？

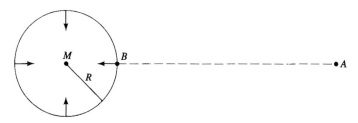

图 11-7　观测者 B 处在一个尚未坍缩的天体表面上，观测者 A 相距很远，其方向沿着天体中心过 B 的连线

为了检验这个问题，这样来安排 A 和 B。观测者 A 按一定的时间间隔向 B 发出光讯号，例如每隔 1 小时发射光讯号，B 也以完全同样的方向向 A 发讯号。那么，双方的讯号都是按每小时的间隔到达吗？这个问题的答案如图 11-8 所示，A 不能按每小时的间隔接收到 B 的讯号，而是要拉长一点，延长后的间隔为

$$\frac{1}{\sqrt{1-(2GM/c^2R)}} \text{ 小时。}$$

类似地，B 收到 A 的讯号间隔要缩短，缩短后的间隔为

$$\sqrt{1-(2GM/c^2R)} \text{ 小时。}$$

图 11-8 若观测者 B 发射频率 ν_B 的波,则观测者 A 接收到的频率是 ν_A,反之也是一样。在初始阶段,这两个频率之间的关系是 $\nu_A = \sqrt{1 - \dfrac{2GM}{c^2 R}}\ \nu_B$

事实上,爱因斯坦理论的这个预言已按下述方式得到了证明。代替地面上人工制造的钟,天文学家利用谱线的频率(参见第 3 章),这些频率是由原子或分子过程决定的。如果按照爱因斯坦的观念,这些过程无论在大质量的恒星表面上还是在地球表面上都是一样的,不同之点仅仅是偏离欧几里得几何的程度。在恒星表面上比在地球上偏离得更明显一些。上面我们已经看到,这种偏离表现为钟走的速率不同。对于谱线的频率来说,上述现象可按下面的方式加以描述。

假定 B 以频率 ν_B 的谱线发出讯号,波长为 λ_B,两者间满足通常的关系

$$\nu_B \lambda_B = c\text{。}$$

设想 B 的钟是由这条谱线的振荡频率来决定的,由于 B 的钟相对于 A 的钟走得慢些,与 B 接收 A 的讯号相比,A 必须等更长的周期才能接收到 B 发出的一个完整的波。结果,A 测出的频率 ν_A 要小一些,减小的因子和前面一样,

$$\nu_A = \nu_B \sqrt{1 - \frac{2GM}{c^2 R}}\ \text{。}$$

由于 A 测出的波长 λ_A 与 ν_B 仍然满足通常的公式，

$$\nu_A \lambda_A = c。$$

因此观测者 A 会发现，λ_A 比 B 发出时的波长要长一些，λ_A 由下式得出，

$$\lambda_A = \frac{\lambda_B}{\sqrt{1 - (2GM/c^2 R)}}。$$

如果 A 观测的是来自 B 处一个光源的整个可见频谱，他会发现，所有的波长都系统地增加了相同的倍数。结果，光谱朝红端，也就是长波端位移了。波长增大的倍数是 $1/\sqrt{1 - (2GM/c^2 R)}$，通常写为 $1 + Z$ 的形式，Z 叫作从 B 发出的光的红移。按照同样的方式，B 会发现，接收到的来自 A 的光波长都减小了，这种效应叫作蓝移。因为在这种情况下，光谱都朝蓝端位移了。

引力红移已经从观测上得到证实

显然，为了使红移值比较大，参数 $\alpha = 2GM/c^2 R$ 必然不能太小。可是，对太阳来说，$2GM/c^2 R$ 只有约百万分之四，这是很难测出的（太阳的光谱非常复杂，很难做到把众多的太阳光谱分离到百万分之几）。但是，对于白矮星来说，参数 α 可以达到 10^{-3} 量级（表 10-1），因此这类特殊恒星的红移效应比太阳大得多。白矮星天狼 B 是第一个被提出来对引力红移进行天文观测的，它是最亮的恒星天狼 A 的伴星。

地面上验证引力红移已经实现。为了便于理解所采用的方法，我

们需要回顾一下量子物理学里的一条重要结论，光是由光子组成的，一个光子的能量 E 和频率 v 之间的关系可以表示为

$$E = hv。$$

其中 h 是普朗克常数，其数值取决于所采用的时间和能量的单位（参见第 2 章）。假定一个光子从高度 H 落下，待它打到地面时，其能量将比开始时增加，增加的数量等于引力势能的改变（§10-3）。如何来计算这个量的大小呢？我们从一种直觉然而正确的方式出发，但是把牛顿的引力论和爱因斯坦的相对论这两方面的概念结合在一起。牛顿的引力论告诉我们，质量为 m 的物体，落到地面时，释放的势能为 mgH，而狭义相对论告诉我们，能量 E 按下面的公式等价于质量

$$m = \frac{E}{c^2}，$$

代入 $E = hv$，便得出当下落的高度为 H 时，一个频率为 v 的光子所释放的引力势能为

$$\frac{hv}{c^2} \times gH。$$

当这个光子打到地面上，它具有的新能量是

$$E' = E + \frac{hv}{c^2}gh = hv\left(1 + \frac{gH}{c^2}\right)。$$

因此，新的频率是

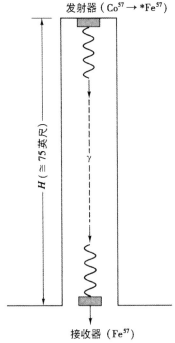

$$v' = v(1+\frac{gH}{c^2})\ 。$$

由此可见，在地面条件下，光下落高度 H，其蓝移量因子为（$1+gH/c^2$）。同样地，光克服地球的引力向上升会出现红移。自由下落光子的蓝移现象首先由泡得（R.V.Pound）和赖布卡（G.A.Rebka）于 1960 年测出，其实验方法如图 11-9 所示，实验结果与上述公式一致。

发射器（$Co^{57} \rightarrow *Fe^{57}$）

H（≅ 75英尺）

γ

接收器（Fe^{57}）

图 11-9　在泡得和赖布卡的实验中，光子发射器是钴原子核 ^{57}Co，^{57}Co 衰变到铁的一个激发态 ^{57}Fe，处于激发态的原子核辐射 γ 射线光子并向下传播。如果光子在自由下落过程中没有获得能量，它会被放在塔底部的接收器（^{57}Fe）所吸收。但是，吸收作用敏感地依赖于光子的频率。由于在自由下落中，光子的频率实际上增加了，因此不会再被吸收，除非接收器以适当的速度向下运动。接收器向下运动产生多普勒红移，用以抵消引力蓝移。通过测量接收器所必需的向下运动速度，泡得和赖布卡计算出引力蓝移的大小

　　因此，一般说来，我们可以认为，当光从强引力场传播到弱引力场时，会引起红移现象；反方向传播，则引起蓝移现象。频率的改变是由于在增加或减少引力势的过程中做了功。红移时是克服引力做功；蓝移时，则是引力做功。

对于一个坍缩天体，多普勒位移可以产生附加的红移

　　让我们在广义相对论的框架中，再来讨论尘埃质点球的引力坍缩现象。爱因斯坦方程比牛顿方程更为复杂，但是出乎预料地在目前的特殊情况下，爱因斯坦方程给出的解初看起来和牛顿的引力论非常相似。不过，它们之间仍然存在着重要的差别，让我们定性地加以讨论。

　　若观测者 B 处在坍缩尘埃质点球的表面，观测者 A 远离球的中心，并且相对于球心是静止的。假设第三个观测者 C 在瞬息开始时刻与 B 在一起，但是 C 和 A 一样，相对于球心也是静止的。设想由 B 发出的光首先从 B 传到 C，然后再从 C 传到 A。由于 B 和 C 在位置上是一致的，光通过它们之间没有任何引力变化。然而，观测者 C 会发现，从 B 发出的频率为 ν_B 的谱线由于多普勒效应改变为频率 ν_c，因为 B 相对于 C 有运动，即球体在坍缩。对应的波长 λ_c 利用多普勒因子可以写为 λ_B 的表达式，

$$\lambda_c = \lambda_B \left(1 + Z_多 \right) 。$$

式中，$Z_多$ 取决于 B 相对于 C 的坍缩速度。光从 C 传播到 A 的方向同以前一模一样，观测者 A 测出的波长 λ_A 用 λ_c 表示，表达式也同以前

一样，

$$\lambda_A = \frac{\lambda_c}{\sqrt{1-(2GM/c^2R)}} 。$$

式中 R 是尘埃球在 B 发射谱线时的半径。把上述两个方程联立，便得出 λ_A 和 λ_B 之间的关系，

$$\lambda_A = \frac{1}{\sqrt{1-(2GM/c^2R)}}（1+Z_{多}）\lambda_B 。$$

由于 $Z_{多}$ 是依赖于坍缩速度的一个正数，因此，从坍缩体表面发出的光，红移效应比单纯引力作用要大，后者如上所述，取决于参数 $2GM/c^2R$。

根据广义相对论，引力坍缩在 $2GM/c^2R=1$ 处呈现事件视界

根据爱因斯坦的广义相对论，一个尘埃球的坍缩过程有 4 个阶段，如图 11-10 所示。第 I 阶段，球是在收缩[1]的，但 $\alpha=2GM/c^2R$ 很小，红移主要来自多普勒因子 $1+Z_{多}$。即使如此，红移也是很小的，从 B 每小时发出的闪光，按 A 的钟接收的时间间隔只比 1 小时略长一点。第 II 阶段，球已经收缩了很多，红移因子变为

$$f = \frac{1}{\sqrt{1-(2GM/c^2R)}}（1+Z_{多}），$$

---

1. 原文为膨胀，有误。——译者注

其数值比 1 要大得多。若 f 值达到 24，A 接收 B 发出的每隔 1 小时的闪光需要隔 1 整天收到 1 次。实际上，由于球收缩，R 减小，而 M 保持不变，相应的 A 和 B 的时间间隔比会不断地增加。如图 11-10 所示，图中绘出了几种典型的时间传播间隔，B 时间轴上的时间间隔在 A 时间轴上接收时被延长。到了第 Ⅲ 阶段的末尾，半径收缩到临界值 f 值

$$R = R_s = \frac{2GM}{c^2},$$

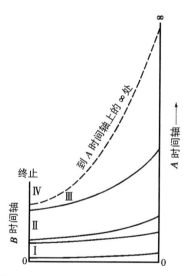

图 11-10　第 Ⅰ 阶段，从观测者 B 发出的讯号红移量很小。第 Ⅱ 阶段，红移变得明显了。第 Ⅲ 阶段，红移迅速增加，以至最终的讯号（阶段 Ⅲ 和 Ⅳ 的边界）永远到达不了观测者 A，不管他等多长时间。超过第 Ⅲ 阶段（进入第 Ⅳ 阶段），不再可能有讯号从这个已经变成黑洞的尘埃球中出来了。第 Ⅳ 阶段在对 B 的灾变性奇点处终止。连接两个时间轴的线并不代表光迹，只是简单地表示 B、A 两钟在发射时间和接收时间之间的对应关系

变为无穷大。这意味着当 $R=R_s$ 时，该瞬刻从 B 发出的讯号将不再会到达 A，即使 A 永远在那里存在。而且，这时从 B 发出的所有光线

都变为有无穷大的红移，也就是说，光子的频率变为零，能量也变为零。这意味着 B 的信息消逝了，从第Ⅲ阶段以后，A 便永远接收不到信息了。

在 $R=R_s$ 处的信息势垒叫作史瓦西势垒，以史瓦西（K.Schwarzschild）的名字来命名，这是他于 1916 年第一个得出球形物体 M 所产生的非欧几何中爱因斯坦方程数学解的一项结果。

如果坍缩体在不断地发射光，则从 A 看去会越来越暗。当坍缩体的外表面接近史瓦西势垒时，暗弱的程度会显著增加。这一现象的特征时间尺度大约是

$$\tau_s = \frac{R_s}{c},$$

对于一个质量等于太阳的天体，τ_s 约只有几个微秒（μs）。至于坍缩体的外部形状，当其外表面接近 R_s 时，实际上便从 A 的视野中消失了。事实上，它即将变成一个黑洞。

但是，按着严格的数学含义，情况完全是矛盾的！根据广义相对论的数学语言，坍缩体变为黑洞是指它的外表面真正达到了史瓦西势垒，但是我们刚才已经提到，A 无论等待多久，他是永远不会知道这个阶段的到来的。

通俗文章都喜欢这样叙述："某某恒星变成了一个黑洞""当一个超级质量的天体变为黑洞时……"，诸如此类。对于这类说法必须谨

慎。必须明白，事实上按我们的规定，外部观测者例如 A 永远不会断定一个坍缩天体变成了黑洞，因为在穿越史瓦西势垒时，从天体发出的信息便永远不会到达观测者了。通俗文章中的那些叙述，其含义应该是，这些天体已经变得很暗，无法再用我们的望远镜探测到了。从这个意义上来说，它们已经是"黑"的了。

史瓦西势垒也叫作事件视界。正像我们不能看到海洋水线之外发生的事件一样，我们也看不到事件视界上和事件视界之外发生的事件。当一个球形天体坍缩时，$R<R_s$ 区间内的坍缩部分 A 是看不见的。也可以这样理解，对于坍缩天体在 $R=R_s$ 和这之外的未来景色，我们的视线被视界切断了。

§11-5　黑洞是怎样形成的

某些演化晚期的恒星可能是黑洞的候选体

在第 8 章中我们已经看到，恒星的演化通过一系列的核燃烧过程，首先是氢聚变成氦，然后氦聚变为碳、氧、氖，氖再聚变为镁、硅、硫，最后镁、硅和硫聚变为铁族元素。大质量的恒星损失掉多余的物质，或者平缓地剩下一个白矮星残核，或者出现灾变性的爆发，剩下一个中子星残核。然而，在有些情况下，当残核超过了中子星可能具有的最大质量时，残核将坍缩为一个黑洞。在第 7 章中曾讨论过天鹅 X-1 的不可见伴星，被认为是演化成黑洞的一例。还存在着许多类似的例子。

对处在坍缩天体上的观测者的未来进行预测是困难的

前面讨论过的观测者 B，其处境将如何呢？要了解 B，需要知道图 11-10 中第Ⅲ阶段之后的情况。观测者 B 随着坍缩天体不断地朝里落，直至天体到第Ⅳ阶段变为一个质点。在牛顿物理学中，观测者 B 在这一阶段将简单地无限收缩下去，但根据广义相对论，却表现为困难之极！在广义相对论中，观测者要到达奇点，所谓奇点是指表征时空几何的爱因斯坦数学法则完全失效。在爱因斯坦理论中，B 在第Ⅳ阶段之后是不存在的，B 的生命就此结束了，不仅在实际上由于极端地收缩，而且从理论上也是如此。甚至连组成 B 的物质也不复在奇点存在了。

这样的理论是不是有缺陷呢？人们会怀疑，作为外部的观测者，我们从没看到过这样的奇点，而且 B 的命运我们也一无所知。然而这样的结论是不能令人满意的，因为物理学家的主张是，对所有的观测者都应该能够加以讨论。

对于可能有争议的这种情况的第二个反应是，在前面的所有讨论中都忽略了压力，如果按通常的物理规律有适当的压力存在，也许能够避免奇点落到 B 的头上。但是彭罗斯（R.Penrose）、霍金（S.W.Hawking）和杰罗奇（R.P.Geroch）根据爱因斯坦理论曾推出一些重要的结果，这些结果表明，对于物理学家已知的各种压力，其大小都不足以避免第Ⅳ阶段的出现。因此，时空奇点似乎是不可避免的，除非有某种非常奇特的，目前还不知道的物理学规律在第Ⅲ阶段之后起作用。

有些黑洞可能是原始的

　　需要考虑这样的可能性，被事件视界包围的天体可能在宇宙初创时就已经存在了（如果宇宙存在着起源的话 —— 参见第 13 章）。这些天体可以具有任意的质量，与通过恒星演化途径形成的黑洞是不一样的（恒星型黑洞必须具有超过中子星极限的质量 —— 参见第 8 章）。

　　虽然黑洞不可能通过来自事件视界以内的辐射来检验，但是黑洞仍然对其周围有引力影响，根据这种影响可以推断黑洞的存在。图 11-11 的图（a）表示一个天体处在引力坍缩的第 II 阶段时时空几何的弯曲情形；图 11-11 的图（b）是第 III 阶段，时空变得更加弯曲，天体本身不再被外部的观测者所看见。这种弯曲原则上是可以检验的，例如，通过外部光线穿过变形的空间区域。

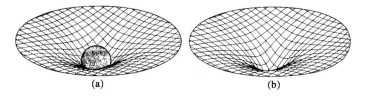

(a)　　　　　　　　　　　　(b)

　　图 11-11　图（a）：引力物质产生的时空弯曲的示意图；图（b）：黑洞形成的弯曲。即使黑洞看不到，由它产生的时空弯曲原则上是可以测量的。通过这种测量，可以验证黑洞的存在

超级质量的黑洞可能在许多天体中存在，包括类星体和星系的核心

　　很多天文学家相信，在类星体和许多星系的核心存在着质量非常大的黑洞。通常认为，某些天体物理的演化过程会导致这类黑洞形成。

但是，我们却倾向于这些黑洞是整个宇宙初始阶段的残骸，15 年前我们就已经对这个问题做过详细的讨论。

即使在类星体和星系中心的黑洞，其质量超过 100 万个太阳，但是按照图 11-11 曲线所示的引力效应仍然不能为黑洞存在提供最佳证据，最佳证据在前面几章中已经给出了，这就是快速粒子的爆发性辐射所引起的射电爆发（第 4 章）和强 X 射线辐射（第 7 章）。X 射线辐射也可以来自称为球状星团的密集恒星集团中心的黑洞，成百的球状星团作为星系的晕围绕着星系，包括我们自己的星系也是这样。

读者也许会产生疑问，快速粒子和 X 射线怎么能提供黑洞存在的证据呢？可见光不是不能从黑洞事件视界的内部发出吗？回答是，快速粒子和 X 射线来自黑洞的周围，在事件视界的外部。它们的发射过程与黑洞的存在有关，这些过程将在本章中加以研究。物理学家和天文学家早在 1961 年就懂得了黑洞的基本概念，但是，关于黑洞周围的概念却是在 1963 年之后提出的。1963 年克尔（R. Kerr）找到了爱因斯坦方程对旋转黑洞的解，正是这一发现导致了近代对这一课题研究的发展。

§11-6　黑洞没有"发"

"黑洞没有发"！（A black hole has no hair！）这是惠勒（J. A. Wh‐eeler）建议的著名提法，其含义是，一个天体在形成黑洞的引力坍缩过程中，只能给外部的观测者保留下很少的表征黑洞物理特性的信息。这种提法的基础是根据普莱斯（R. H. Price）的一条定律，该定律的要点解释如下。

外部世界检验一个黑洞可以通过它的质量、自旋和电荷

在 §11-4 中，我们定性地分析了一个尘埃球的引力收缩过程，但是我们当时的讨论是基于一个均匀的、没有内部压力的尘埃球的精确解（在广义相对论情况中）。如果天体既非球形又不均匀将会怎样呢？如果天体在收缩过程中又有自旋呢？如果天体中存在着磁场和电流呢？图 11-12、图 11-13 和图 11-14 分别显示了这每一种情形。我们已经提到，这些黑洞是由恒星形成的，坍缩的恒星在开始时可能已经具有了所有这些特性。那么这些特性有多少经过坍缩过程仍然能保存下来呢？遗憾的是，广义相对论并没有（或者说到目前为止还不能）回答这些问题。不过，普莱斯定律却可以对这些问题做某种简化的说明。

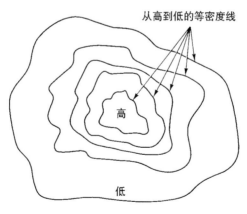

从高到低的等密度线

高

低

图 11-12　非均匀和非球形的天体

设想一个天体具有图 11-12 至图 11-14 的全部特性，但是都不太显著。在两极，由于自旋会变得扁平，但扁率很小。由于天体具有内

部电荷和电流, 因此从天体可以发出电磁场。但是所有这些效应都很微弱, 对天体外部的非欧几何性质影响都很小。普莱斯定律便是描述

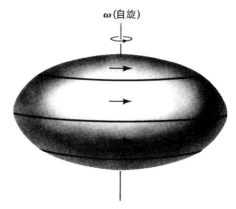

图 11-13　具有自旋的天体

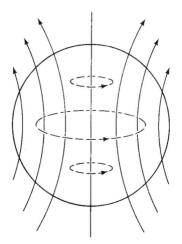

图 11-14　带有电流（虚线）和磁场（实线）的天体

在天体坍缩时这些轻微、但具有一般性的扰动所造成的影响。首先, 天体固有的各种不规则性是可以被外部观测者觉察到的, 只要观测者进行了合适的观测实验。但是, 当快要形成黑洞时, 也就是说, 事件

视界快要形成时，这些不规则性的大部分信息对于外部的观测者都消失了。最初可观测到的各种不规则性被辐射带了出去，剩下的信息仅仅是天体的质量、电荷和自旋（自旋即是所谓天体的角动量）。

如果用专业术语，普莱斯定律表述为：一个受轻微扰动的天体，如果其物理特性用自旋为 s 的场来描写，则被保留下来的只是一个阶数减少 1 的矩，即 $s-1$ 阶的矩。

例如，电磁信息是由自旋为 1 的光子携带的，因此普莱斯定律只允许自旋为零的电信息保留下来，这种信息便是天体的电荷。引力信息是由自旋为 2 的所谓引力子（graviton）携带的，因此被保留的引力信息只是具有 0 阶和 1 阶的自旋，这些信息便分别由质量（$s=0$）和角动量（$s=1$）来传送。

由于经典物理学仅仅依赖于引力理论和电磁理论，因此就经典物理学的各种已知的相互作用而言，应该认为，绝大多数的普通黑洞都可以用它们的质量、电荷和角动量来表征，这是由普莱斯定律引申出来的一种推测。任何一个天体，不管它的初始不规则性有多大，是否都可以做到这一点，目前还没有一般性的证明。

§11-7　克尔-纽曼黑洞

黑洞的结构可以被自旋和电荷所改变

由理想球体坍缩而成的简单黑洞的特征完全由它的质量 M 所决

定，在 §11-4 中我们已经求出，这样的黑洞所具有的视界半径是

$$R_s = \frac{2GM}{c^2} \text{。}$$

这类史瓦西黑洞对外部观测者保留的唯一信息是质量 M。上一节中我们还看到，根据普莱斯定律，绝大多数的普通黑洞只需要 3 个参量来表征，即质量 M、电荷 Q 和角动量 H。这类更一般的黑洞，即所谓克尔-纽曼（Kerr - Newman）黑洞，在广义相对论里可以给出精确的数学表述。虽然坍缩的细节在最后阶段尚不清楚，但是克尔-纽曼解对于我们理解黑洞性质的变化方式起着重要的作用。让我们简要地描述这类更一般的黑洞的一些特性。

首先，它是两种早期解的结合。1916 年赖斯耐尔（H.Reissner）和奥尔斯特隆（G.Nordstöm）独立地得出了爱因斯坦新提出的广义相对论数学方程的解，这些方程描述了具有静电荷的引力场。因此，赖斯耐尔-奥尔斯特隆黑洞具有 $M \neq 0$，$Q \neq 0$ 和 $H = 0$。我们已经提到，1963 年，克尔得到了自旋的、不带电的黑洞的解，即 $M \neq 0$、$Q = 0$ 和 $H \neq 0$。克尔-纽曼黑洞便是将克尔的解和赖斯耐尔-奥尔斯特隆的解结合起来，M，Q 和 H 都不等于零。

克尔-纽曼黑洞的视界的径向坐标是，

$$R_+ = \frac{GM}{c^2} + \frac{1}{c^2}\sqrt{G^2M^2 - GQ^2 - h^2} \text{，}$$

其中 $h = cH/M$。注意，为了使 R_+ 为实数，平方根中的量必须为正，也

就是说，

$$G^2M^2 - GQ^2 - h^2 \geqslant 0 \, 。$$

如果上述量是正的，则从数学上应该出现另外一个视界，

$$R_- = \frac{GM}{c^2} + \frac{1}{c^2}\sqrt{G^2M^2 - GQ^2 - h^2} \, 。$$

但是，由于 $R_- < R_+$，外部的观测者只可能与 R_+ 有关。在特殊情况下，当根号中的量等于零时，$R_+ = R_-$。

如果根号中的量等于负，则没有视界。这与前面讨论的史瓦西黑洞不同，在目前的情况下会出现一种神秘的景象，外部的观测者可以目击引力坍缩的最后阶段——奇点。这样的奇点于是被称作"裸的"。那么这种类型的黑洞真的存在吗？或者说，是否存在着一个宇宙审查站，它只允许这样的黑洞存在，其视界把坍缩天体的奇怪命运对外部观测者封锁起来。这个问题仍然没有得到解决。

外部物体可以从旋转黑洞中获得能量

有没有办法能使外部观测者感觉到旋转黑洞的存在呢？假如观测者朝黑洞不断走去（图 11-15），同时，眼睛盯住宇宙中的一颗远距恒星，远处的恒星提供了一个背景，通过它，黑洞的自转原则上是可以测量的。观测者是否能够做到让远处的恒星不呈现旋转呢？当观测者接近黑洞时，会发现随黑洞旋转的倾向不断增加，因为黑洞在旋转

着，为了保持稳定，他需要借助于外力来克服这种倾向，随着不断靠近黑洞，外力要不断增加。当观测者靠近到一定程度时，会到达所谓静止极限，他会被黑洞拖走，不管他怎样努力去克服这种旋转拖力也没有用。当观测者进入到所谓能层区后，上述现象便会出现。

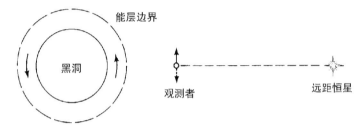

图 11-15　沿自转轴方向看去的一个旋转黑洞。处在某一特殊纬度的外部观测者会感到他好像要被旋转的黑洞带动（沿箭头方向）。只要他处在虚线圆的外面，他可以借助于外力保持自己相对于远处恒星背景是静止的（通过背景恒星可以测量黑洞的旋转）。虚线圆是黑洞能层的边界截面，一旦观测者处于能层上或能层之内，他便不可避免地被黑洞拉住。实线内圆代表事件视界，$R=R$。

图 11-16 中的截面图表示能层延伸范围随纬度的变化。两极（和通常的定义一样）处在黑洞的旋转轴上。在两极点处，能层与视界重合，朝赤道方向移动，能层延伸到视界之外。在纬度 l 处，能层的径向坐标是

$$R_l = \frac{GM}{c^2} + \frac{1}{c^2}\sqrt{G^2M^2 - GQ^2 - h^2\sin^2 l}\,。$$

在图 11-15 中，我们看到的是纬度 $l < 90°$ 的截面。这样一个能层截面的边界是一个圆，且与视界的边界同心。

为什么叫作能层呢？这样命名是基于黑洞在这一层里可以提供能量输出。裴洛斯（R.Penrose）提出，从外部抛入能层的物体要随着

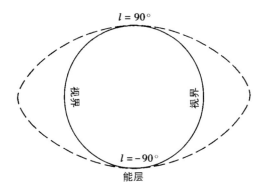

图 11-16 旋转黑洞的子午截面，两极（$l=\pm90°$）位于自转轴上。事件视界用实线圆表示，能层的边界处在外面，用虚线表示

黑洞旋转，因此与通常的过程相比，它获得更多的旋转能。抛射进来的物体有可能破碎为两块，一块也许落进黑洞的奇点，另一块则可能跑出能层。这时跑出来的一块可能比初始抛进去的物体带有更多的能量。整个过程如图 11-17 所示。

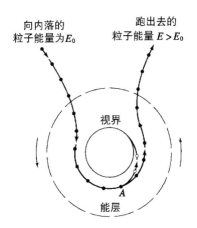

图 11-17 彭罗斯过程，一个落入能层的质点受到黑洞旋转的拖曳。在 A 点，质点破碎为两块，一块落进黑洞里，一块携带更多的能量逃出来

根据裴洛斯机制，黑洞将一部分转动能提供给抛进来的物体，于是黑洞本身的旋转变慢，这一过程一直到黑洞把全部的转动能都贡献出去。之后，能层便不存在，黑洞的外边界与视界重新一致。于是，从一个克尔黑洞出发又回到了史瓦西黑洞。达到这一状态之后，便不会再有能量从黑洞中抽出来了。史瓦西黑洞代表着最终的、不能再简化的状态，处于这一状态时，外部过程只能增加黑洞的能量，而不能使之减少（图 11-18）。

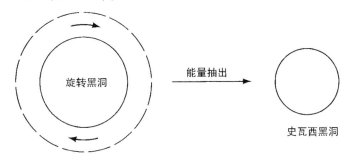

图 11-18　用图像表示，当全部可提供的能量被抽出以后，一个旋转黑洞变为一个非旋转黑洞

上面所描述的是关于支配黑洞变化特性的一般性规律的一个特例，这些规律都是来自对广义相对论的各种理论研究，它们被称为黑洞物理学中的定律。

§11-8　黑洞物理学定律

刚刚讨论的能量抽出是一个与热力学问题非常类似的例子，热力学是在 19 世纪由著名科学家克劳修斯（R.Clausius）、开耳文（L.Kelvin）和玻尔兹曼（L.Boltzmann）发展起来的。热力学第一定律认为，热是能量的一种形式，它简单地重述了我们在 §10-3 中遇到的能量守恒定律。

　　热机是一个物理系统，进行着一系列的循环过程，而且系统在每次循环的终了状态与开始时的状态是相同的。一部分循环过程是热机从周围吸热，另一部分循环过程则是向周围放热。在每次循环过程中，把吸收的总热量记作 Q_1，放出的总热量记作 Q_2，则差 Q_1-Q_2 是热机在每次循环中所做的功。"热机"的名字意味着 Q_1 大于 Q_2，因此热机所完成的功总是正的。一个大家熟悉的 Q_2 大于 Q_1 的物理系统是电冰箱，为了使电冰箱工作，必须对系统做功（通常是用电机去完成）。这些实例都属于热力学第一定律。

　　假定一台热机设计成在每次循环过程中吸收固定的热量 Q_1，则 Q_2 越小，表明热机的效率越高。但是，Q_2 能小到什么程度呢？到 18 世纪，工程师们已经发现，使 Q_2 变为零的天真想法无论如何是不可能达到的。的确，在 18 世纪，Q_2 比 Q_1 小不了许多，因此早期热机输出的功 Q_1-Q_2 比 Q_1 小了很多。Q_2 的极值由热力学第二定律决定。热力学第二定律可以简单地通过一台热机来表述，设热机在定温 T_1 下吸收的热量为 Q_1，而在较低的定温 T_2 下放出的热量为 Q_2，对于这样的热机，Q_2 的最小可能值是 $T_2/T_1 \times Q_1$，这意味着，在 T_1 温度下吸收的热量转化为机械功的最大比例是

$$1-\frac{T_2}{T_1}。$$

　　早期热机的缺陷是无法使 T_2 比 T_1 小很多，近代热机设计者的目标是要使 T_2 大大地小于 T_1。与蒸汽机相比，汽油发动机或柴油发动

机更容易接近这样的目标。

在 19 世纪，由于引入了称为熵的概念，使 Q_2 达到了最小值。一个系统的熵是指它的无序程度的量度。在低熵状态下，系统的组成成分（指原子、分子或更大一些的单元）次序良好；而在高熵状态下，组成成分杂乱无章。一个咖啡杯掉在地上被打碎，便是从开始时的低熵状态变为高熵状态。热力学第二定律可以表述为：在任何物理过程中，系统所有组成部分的熵加在一起永远不会减少。

黑洞物理学和热力学有许多相似之处

黑洞物理学第一定律可以表述为：能量和动量在每一个物理过程中都是守恒的。第一定律并不新奇，因为黑洞是由广义相对论派生出来的，而广义相对论严格地服从能量和动量的守恒定律。新奇而有趣的是，黑洞表现出与热力学第二定律有相似之处。

在讨论黑洞物理学第二定律之前，让我们再回到史瓦西黑洞的特殊情形。我们已经知道，史瓦西黑洞只能吸收周围的物质和辐射，而不放出任何物质和辐射，因此它总是在增加它的能量和质量 M。事件视界所起的作用是一个单向膜，这首先使黑洞的质量 M 总是增加。这种现象是否与热力学第二定律中熵的增加相类似呢？

更仔细地分析表明，上述问题的答案是否定的。事实上，我们已经看到，彭罗斯过程便是从一个旋转黑洞中抽出能量来，因而使 M 减少。由此可见，一个黑洞的质量（或者能量）并非必须表现为只能增加的特性。

　　然而，黑洞还有另外一个物理参量，的确具有不可减少的特性，这便是黑洞的面积，更确切一点说，是黑洞事件视界的表面积。对于史瓦西黑洞来说，面积公式非常简单，

$$A = 4\pi R_s^2 \frac{16\pi G^2 M^2}{c^2}。$$

（由此可见，A 和 M 对于史瓦西黑洞都是增加的）。对于克尔－纽曼黑洞，面积由下式给出：

$$A = 4\pi (R_+^2 + \frac{h^2}{c^4}) =$$
$$4\pi \left[\left(\frac{GM}{c^2} + \frac{1}{c^2}\sqrt{G^2 M^2 - GQ^2 - h^2} \right)^2 + \frac{h^2}{c^4} \right]。$$

　　这个面积表达式包含更多的项，表明克尔－纽曼黑洞的非欧几何特性要比史瓦西黑洞复杂得多。如果考察在彭罗斯过程中旋转黑洞的面积，我们会发现，尽管 M 在该过程中可以减少，但面积却不会减少。这可以按下述方式定性地加以说明。在裴洛斯过程中，进来粒子获得能量是因为取得了黑洞的部分角动量。因此，黑洞的 M 和 h 都要减少。定量计算表明，M 的减少会导致面积的减少，其减少量超过了由于 h 减少导致面积增加所提供的补偿。在最好的情况下，彭罗斯过程以理想的效率进行，黑洞的面积也只能保持常数，但角动量仍要不断地损失。如图 11-19 所示，当全部角动量都损失掉时，该过程就必然终止了。此后，与非旋转黑洞（史瓦西黑洞）的任何外部相互作用都

要导致面积的增加。上述的特定例子中假定 $Q=0$。如果 $Q \neq 0$，则可以通过抽出电荷抽出更多的能量，直到 $Q=0$ 为止。

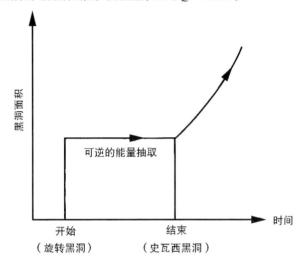

图 11-19　如果按理想效率工作，可以从旋转黑洞中抽出能量，而保持在所有时间里面积为常数。该过程必然终止于史瓦西黑洞。之后，与黑洞的任何相互作用都只能导致面积的增加

　　由上述讨论可以得出，在决定黑洞的变化特性上，面积起主要作用。1971 年霍金对稳定黑洞面积不减少的特性给出了一个正式的推导。他的结果被作为黑洞物理学的第二定律：在黑洞涉及的全部物理过程中，有关黑洞的总面积绝不会减少。

黑洞的表面引力与温度相类似

　　利用黑洞的表面积与熵之间所建立的类比，我们来考虑另一个热力学量 —— 温度。在热力学平衡状态下，我们对系统规定一定的温度。那么对稳定状态下的黑洞，能不能也规定一个类似的参数，它也

不随时间改变呢?

答案是肯定的,所要求的物理量是表面引力 κ。若粗略地与地球表面的重力加速度 g 做类比,我们可以把 κ 看作是量度黑洞的吸引强度。黑洞物理学的第零定律可以表述为:一个稳定的、轴对称的黑洞,其整个事件视界上的 κ 是一个常数。由此可见,稳定性和轴对称性所起的作用类似于定义热力学温度时的平衡态。

最后,热力学第三定律指出,绝对零度不可能通过有限的热力学过程来达到;与此类似也存在着黑洞物理学的第三定律,它可以表述为:不可能通过有限的物理过程使黑洞的表面引力 κ 变为零。例如,对于一个质量为 M 的史瓦西黑洞,表面引力 $k = \dfrac{c^4}{4GM}$,要求 M 趋于无穷大,κ 才可能趋于零。而质量在有限的物理过程中不可能达到无穷大。

黑洞可以发出辐射

当进一步与热力学对比时,我们会碰到一种很奇怪的情况。具有一定温度的物体放在低温的环境下,物体会以热的形式辐射能量。如果把具有一定表面引力的黑洞放在真空中,它也应该有辐射吗?我们在前面刚刚看到,黑洞不允许任何物质通过它的视界逃逸出来。既然如此,黑洞又如何辐射能量呢?辐射黑洞的提法本身似乎是自相矛盾的。然而,霍金在 1974 年提出了一种解决这一表观矛盾的崭新途径。他认为,虽然黑洞在经典物理学里不可能辐射,但在量子物理学里却是可能的。有许多这样的例子,在经典物理学里一个质点无法越过的势垒，在量子力学里却可以偶尔地越过去（图 11-20）。霍金的想法已经定量地由他本人和其他人进行了研究，下面我们将定性地做一番描述。

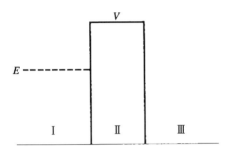

图 11-20　按照经典概念，在区域Ⅰ运动的总能量为 E 的粒子不可能越过区域Ⅱ的高势垒 V，粒子会在Ⅰ和Ⅱ的边界上被反射回来。然而，按照量子力学，会有一定概率的粒子穿过区域Ⅱ，进入到区域Ⅲ。许多有关原子的实验肯定了量子力学的这一预言

在量子力学里，真空并非是空无一物的区域，它是被所谓的虚粒子对充满着，这些虚粒子对自发地产生和消灭。每一对都由一个粒子和它的反粒子组成，真空中的这些粒子对之所以被称为虚的，是因为它们既不能延续地存在，也不能产生任何直接的观测效应（图 11-21）。但是，在许多量子现象里，它们作为不可观测的媒介，却确实扮演着重要的角色。

假定在真空中有一个黑洞，它可以捕获虚粒子对的两种成员，也可以仅仅捕获其中的一种（图 11-22）。在前一种情形下，整对粒子被吞噬掉；而在后一种情形下，只有一个粒子被黑洞吞噬，它的同伴便被留下了。在黑洞外面产生的印象是，黑洞由于某种原因发射了粒子。只要粒子对在真空中自发地产生，这两种情形都可能出现，并且可以计算出各自出现的概率。计算结果得出，表面引力为 κ 的黑洞，

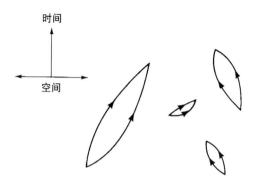

图 11-21 真空中由粒子和反粒子组成的虚粒子对不断地产生和湮灭

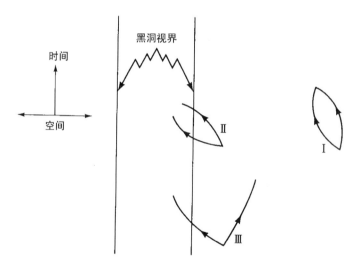

图 11-22 黑洞对真空中产生的粒子对有三种作用方式。Ⅰ.没有明显的作用，粒子对又自然地湮灭。Ⅱ.粒子对的双方都被黑洞吞噬。Ⅲ.粒子对的一个被吞噬，另一个留下来，留下的粒子便表现为从黑洞中辐射出来

其辐射相当于一个温度为 T 的黑体（参见第 3 章），有

$$T = \frac{h_\kappa}{4\pi^2 ck} ,$$

其中 k 是玻尔兹曼常数, h 是普朗克常数。

对于质量为 M 的史瓦西黑洞, 得出的温度是

$$T = \frac{hc^3}{16\pi^2 GkM} \cong 6 \times 10^{-8} \frac{M_\odot}{M} \mathrm{K},$$

对于天体物理中的黑洞, 一般说来 $M > 4 M_\odot$, 这个数值是非常小的。但是, 在宇宙创始时产生的黑洞, 如果是质量很小的原始黑洞, 其温度有可能很高。在高温下, 黑洞一边辐射, 一边损失质量, 因此辐射会变得越来越快, 一直到黑洞全部蒸发掉! 对于一个初始质量为 M 的黑洞, 蒸发的时间尺度大约是

$$10^{76} (\frac{M}{M_\odot})^3 \text{秒。}$$

由此可见, 若黑洞的寿命大于宇宙的年龄 $\sim 10^{17}\mathrm{s}$ (参见第 12 章), 则黑洞的质量必须大于 $\sim 10^{15}$ 克, 质量小于 $\sim 10^{15}$ 克的原始黑洞不会生存到现在。有人认为, 目前观测到的 γ 射线暴有可能是原始黑洞处在它们蒸发的最后阶段。

霍金过程推动了许多有趣的研究课题的进行。由它引申出的许多问题在概念上是很难理解和接受的, 有一些仍然属于高度的抽象推理。

§11-9   黑洞的检测

鉴于在黑洞物理学的理论研究方面有如此多的成就, 自然就会

提出一个问题：黑洞有没有被看到过？让我们重新详细地讨论这个问题。如果我们把看见理解为利用光（或广义的电磁辐射）去发现一个天体的经典方式，则问题的答案必然是否定的。因为我们已经指出过，根据经典物理学，黑洞不可能发射或散射电磁辐射。但是，如果我们借助于属于量子物理学的霍金过程，一个有显著能量辐射的黑洞，其质量必然比太阳小很多。然而，在有些情况下，我们有充分的理由认为黑洞是存在的。这时，根据恒星演化，黑洞的质量必然是大于太阳。那么应该如何去检测大质量的黑洞呢？

一种方法是通过万有引力。若设想太阳变为一个黑洞（这仅仅是一种设想！近代的概念认为太阳不具备足够的质量变成一个黑洞），这时会出现什么情形呢？地球将依然沿通常的椭圆轨道绕太阳黑洞旋转，根据开普勒定律和牛顿定律，地球上的人们能够推断出，在轨道的一个焦点上存在着一个吸引天体。再进一步，通过黑洞对周围天体的引力影响，我们可以发现黑洞。

X 射线和高速粒子可以从黑洞的能层中发出

由于行星是自身不发光的，用上述的地球－太阳方式检测黑洞的存在并不实用，但是用在双星系统中却是很有意义的。图 11-23 所表示的便是这样一组双星系统。如果在这个系统中一个成员是黑洞，并且与它的伴星相距很近，因而对伴星产生相当强的潮汐力，这种潮汐力会把伴星表面的物质吸向黑洞，形成一个薄的圆盘，如图 11-24 所示。我们可以假设新的物质不断地被吸入，先吸积来的物质在一个圆盘里旋转，最后掉进到黑洞内。这样的吸积盘总可以形成，只要密近

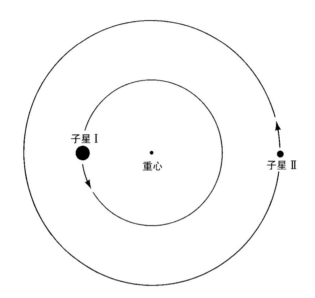

图 11-23   在一个双星系统中，两颗子星环绕着共同质心做轨道运动

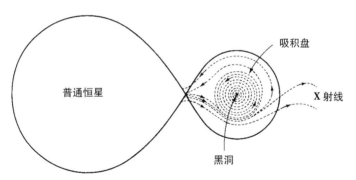

图 11-24   一个成员是黑洞的双星结构，它可以从环绕黑洞形成的吸积盘中发出 X 射线，这是由于从伴星落进来的物质引起的

双星系统的一个成员是致密天体，诸如白矮星、中子星或者黑洞。由于吸积盘内物质的摩擦，绕转的粒子被加热，并产生辐射。大部分辐射是在 X 射线区，同时伴随着高速粒子的辐射。这个过程与第 7 章末

所讨论的情形非常相似,在旋转黑洞的情况下,能层中积累的能量对于产生猛烈的爆发特别有效。

从特大质量旋转黑洞的能层中产生的爆发可以解释射电源和类星体

在第10章中我们已经看到,质量为 M 的天体所具有的能量由爱因斯坦的著名关系式给出,即 $E=Mc^2$。一个旋转黑洞储存的转动能可以达到这个量级 Mc^2,M 是黑洞的质量。如果 M 的量级为太阳质量的 100 万倍,则黑洞能层中可提供的能量将是巨大的,高达 ~ 10^{60} erg。这样的数量可以解释从射电星系或类星体中发出的能量。到目前为止,还没有从数学细节上研究出任何其他的过程在这一点上能够与旋转黑洞相比。没有任何其他的过程能够满足射电星系或类星体的能量需求。正是由于这个原因,人们都相信这类天体中包含着一个特大质量的黑洞。

§11-10 白洞

在 §11-4 中,我们曾讨论广义相对论的预言,当观测者 B 随一个坍缩天体自由下落时,他的生命将会结束。当 B 落到时空奇点时便宣告终结。但是,广义相对论是一种时间对称的理论,这意味着,如果理论预言一串事件接连发生,那么它也应该预言另一串事件接连发生,而第二串事件是由第一串事件按时间反演序列构成的。换句话说,如果我们把第一串事件拍成电影,再把它倒过来放,则我们按相反次序所看到的也是根据广义相对论有可能发生的情况。因此,相对于坍

缩到奇点,将时间反演,我们有可能得到一种新的过程,天体从奇点
中冒出来(图 11-25),这种现象称为白洞。

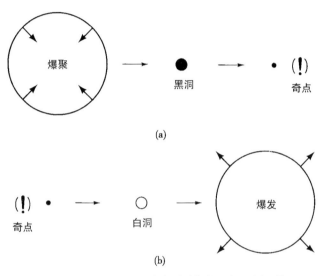

图 11-25　根据广义相对论,(b)是(a)的时间反演,反之也一样

　　有人认为,当观测者 B 在坍缩的终了到达奇点以后,他还会随着
天体进入另外一个宇宙世界而作为白洞出现。也就是说,黑洞的爆聚
紧接着白洞的爆发,另一个宇宙世界与前一个宇宙世界相衔接。

　　这里需要强调指出,广义相对论并没有对这种衔接提供任何依据。
根据广义相对论,这两幅图像是分开的,白洞和黑洞可以孤立地存在。
在我们的例子里,观测者的 B 生命终止在奇点;类似地,对于白洞来
说,B 的生命将从奇点开始。在下一章里,我们将要说明黑洞和白洞

之间是如何自然衔接的，不过它是建立在另外一套并非广义相对论的理论框架上。

来自白洞的辐射会发生蓝移

为什么称为白洞呢？因为和黑洞不一样，白洞很容易看见。图 11-26 是一个处在早期爆发阶段的白洞。对于一个遥远的观测者 A，膨胀着的白洞表面（面向观测者一边）在朝他接近。只要一个光源趋近观测者，光的频率对于观测者来说就会增加，这种现象便是发生在白洞上的多普勒蓝移。蓝移在一定程度上会受到前面讨论的引力红移的对抗，因为白洞附近的引力场非常强。一般说来，对于一个白洞，多普勒蓝移会超过引力红移，在膨胀的早期阶段，蓝移非常大。可见光波段的光子对于观测者 A 来说都变成了 X 射线或 γ 射线光子。基于这样的看法，白洞有可能是暂现 γ 射线暴和 X 射线源的起因。最近几年里，利用卫星上的探测器在我们的星系里发现了许多这类源，典型的 γ 射线暴仅仅持续几秒钟。

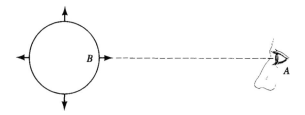

图 11-26　对于遥远的观测者 A，靠近观测者一边的白洞表面正在朝他接近，因此会出现多普勒蓝移。在早期阶段，蓝移比引力红移要强得多

在光学天文学里，视向速度的观测曾经发现数起星系核里的爆发现象（图 4-6 和图 4-24）。这也许使人们联想到了白洞在那里存在，

不过它所需要的理论体系比广义相对论还宽，这一点在第 14 章将会讨论到。

　　值得强调的是，与黑洞的事件视界不同，史瓦西势垒（在白洞的情况下）并不妨碍光线从白洞射向外部的观测者。强的蓝移能够使光线穿越势垒，因此，原则上可以看到白洞从最初的点源，即从奇点不断地增长。由此可见，如果白洞真的存在，它应该是一种十分引人注目的天体，至少在早期阶段是这样。

　　除了这些奇怪的特性外，白洞在相对论领域里与黑洞并没有多少联系。许多理论学家认为，由于白洞是从奇点出发的，因此价值不大（但他们却不介意黑洞是在奇点终止）；而另一些人则认为，白洞持续的时间很短，无法从观测上去发现。不过，在我们还没有很好地理解时空奇点附近的物理学之前，就去反对白洞的概念似乎还为时过早。况且，天文学家并不反对最大的、最抽象的白洞模型 —— 宇宙大爆炸模型，下一章中我们将要讨论这一点。

第 12 章
宇宙学简介

§12-1　什么是宇宙学

　　如果用一句话来回答"什么是宇宙学"？可以说：宇宙学是从整体上来研究宇宙的结构情况。不过，这个定义对于我们现在的讨论显得范围太宽了，因为它包括生物和非生物两方面。如果贯穿起来考虑，它应该包括大的方面和小的方面，过去、现在和未来。因此，我们必须限制在适当的范围。天文观测告诉我们的宇宙大尺度结构究竟是怎样的？我们今天所知道的物理学定律能否解释这些研究所给出的宇宙图像？我们所说的宇宙学便是研究这类问题的。

　　为了正确理解"大尺度"一词，我们来考察当代最大威力的望远镜所能达到的时空范围，并且使用大家都熟知的各种长度、质量和时间单位。

光年或秒差距是宇宙学最适用的长度单位

　　凭主观判断，会认为地球是一个巨大的天体，尤其是当我们必须研究地球的某一部分的时候。我们的这颗行星近似为一个球体，半径

$6400\,\mathrm{km}=6.4\times10^8\,\mathrm{cm}$。地球到太阳的距离大约是 $1.5\times10^{13}\,\mathrm{cm}$，差不多比它的半径大 23500 倍。冥王星——太阳系最外面的行星，离太阳的距离大约是这个距离的 40 倍，是地球半径的 100 万倍。图 12-1 绘出了太阳和行星的相对大小，图 12-2 则表示出行星到太阳的相对距离。

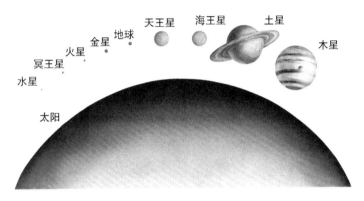

图 12-1　太阳系中九大行星相对于太阳的大小

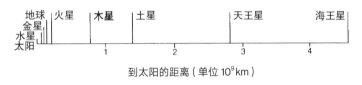

到太阳的距离（单位 $10^9\,\mathrm{km}$）

图 12-2　行星到太阳的距离

　　我们的星系大约包含 10^{11} 个恒星，分布在一个透镜状的空间范围内，如图 12-3 所示。如图中所标出的，太阳系位于距银河系中心大约三分之二的地方，用地球上使用的长度单位来描述这么遥远的距离是很不方便的。我们采用两种大得多的单位。一种是具有物理含义的单位光年，即光在一年中运行的距离。若用 cm 表示，则

$$1 \text{ 光年} = 9.46 \times 10^{17} \text{ cm}。$$

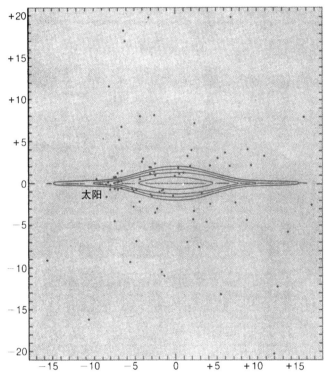

图 12-3　我们银河系的示意图，标出了太阳所在的位置。距离单位为千秒差距，约合 3 260 光年

从我们的星系中心到太阳系的距离大约是 30 000 光年。

另一个适合于表示遥远距离的单位是秒差距（pc），其近似关系式为

$$1 \text{ pc} = 3.26 \text{ 光年}。$$

　　1pc 是指这样一点的距离，地球绕太阳的轨道半径对这一点所张的角度为 1 角秒。历史上，秒差距作为长度单位出现于 19 世纪，它与三角视差方法有关，用于测定离太阳系最近的一些恒星的距离。

　　一直到 20 世纪，大多数天文学家都相信，我们的星系便是整个的宇宙。但是，用大口径的威力强大的望远镜所获得的资料逐渐改变了这种观点，我们的星系原来只不过是众多星系中的一员。各种形状和结构的星系都在宇宙中发现了，有的类似我们的星系，有的则完全不同。有许多是孤立的场星系，也有许多是成群或成团地出现的，数目从十来个星系的小团到 1000 多个星系的大团。图 12–4 到图 12–10 是各

图 12–4　星系 M 31，直径约 100 000 光年，位于仙女座。这个星系有时也称作仙女大星云，是离我们最近的一个巨星系，其中心区域可以用肉眼看到

图 12- 5 星系 IC1613，直径约 10 000 光年，是本星系群中的一个弥散状的矮星系

图 12-6 对称旋涡星系 M 81，看上去处在大熊座的一个小星系群的中心附近，这个星系群的大小约 500 000 光年

图 12-7　直径约 500 000 光年的一个星系团，位于南半球天空，赤经 $10^{h}30^{m}$，赤纬 -27°

图 12-8　位于北冕座的一个富星系团，距离我们约 12 亿光年

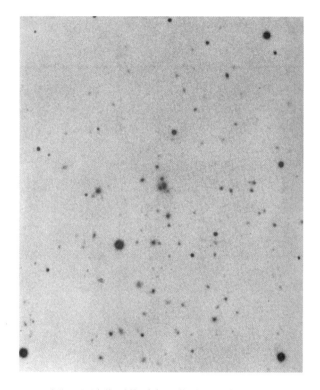

图 12-9　在约 36 亿光年的深空处，许多星系勉强能看到，这个星系团位于长蛇座

种形状的星系和星系团。这些星系之间的距离常用百万秒差距（Mpc）为单位来表示。在一个大的星系团里，星系分布的空间直径达到 5 Mpc。一些大的星系团还常常联系在一起，组成所谓的超星系团，直径达到 50 Mpc。

一架强力望远镜所能达到的范围大约是 3000 Mpc，也就是说，大约 100 亿光年。在本章的后面我们会看到，100 亿光年的距离代表着宇宙的特征尺度。

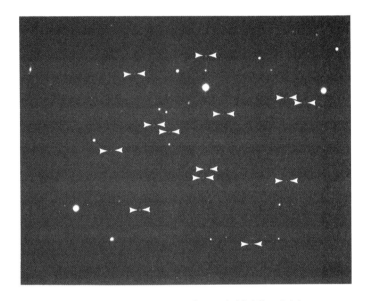

图 12-10   另一张深空照片。标出的星系距离我们大约 60 亿光年

大尺度内的质量用太阳的质量作单位是方便的

让我们再次沿质量攀登宇宙的阶梯，从低阶的地球一直到整个观测到的宇宙。

地球的质量大约是 6×10^{27} g，太阳的质量大约是 2×10^{33} g。在大尺度的情况下，质量的基本单位 —— g 显得太小了，不适宜用在宇宙学中。我们采用太阳的质量作为单位，用符号 $M_\odot$ 表示。地球质量用这一单位来表示时约为 $3 \times 10^{-6} M_\odot$。图 12-3 所示的我们银河系的质量大约是 $2 \times 10^{11} M_\odot$。有些星系比我们的星系质量大，例如，巨椭圆星系 M87，已经发现它具有很强的 X 射线辐射（见第 7 章），其质量

为 $10^{12} M_\odot$ 的若干倍，而一个星系团的总质量可以大到 $10^{14} M_\odot$。

观测到的整个宇宙的质量估计是多少呢？观测到的星系数目大约在 10^9 到 10^{10} 个，因此粗略估计观测到的宇宙质量大约是 $10^{21} M_\odot$（约 $10^{54} g$）。这个估计还不包括没有观测到的物质，它们也许以不可见的形式存在着。不可见物质究竟有多少，天文学家们的意见分歧很大。有些人认为总量相当小，而另一些人则认为，可能比可见星系多 100 倍，也就是说，在 100 亿光年的范围内，物质总量大约是 $10^{23} M_\odot$。

秒和年是宇宙学中最常用的时间单位

与天体生命史有关的各种时间尺度变化范围甚大，没有一个单一的单位对所有的天体都适宜。脉冲星的周期、X 射线暴和 γ 射线暴的持续时间只有秒的量级，甚至更短。超新星爆发也只出现几十秒。但另一方面，一颗太阳型恒星的演化史，从主序开始，度过的时间达几十亿年。

对于星系，有很多旋转周期达几千万年，甚至几亿年，图 12-11 表示了我们自己星系的旋转情形。在讨论星系的演化时，甚至需要更长的时间尺度。虽然，星系形成和演化的详细过程还不太清楚，但是我们相信，对于一个由大量的小质量恒星构成的星系，例如像椭圆星系 M87，其寿命超过 100 亿年。

对整个宇宙能否有一个特征时间尺度呢？对这一问题的回答是肯定的。这个特征时间可能为 100～150 亿年。为了理解这个答案的根据，下面我们需要讨论哈勃做出的至为重要的发现，他的发现为近代宇宙学的发展奠定了基础。

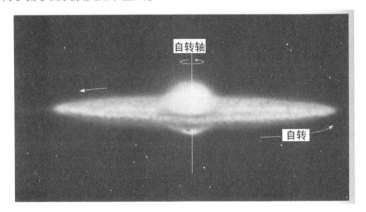

图 12-11　星系在绕轴旋转，太阳系绕一圈要 2 亿年左右

§12-2　哈勃定律

哈勃利用加利福尼亚州威尔逊山上的 1.5 m 和 2.5 m 望远镜，对几亿秒差距范围内的星系进行了系统的研究。这项研究的目的包括：

1. 研究星系的结构；
2. 估计星系的视亮度；
3. 测量星系光谱的红移。

最早的一批星系红移是由斯里菲尔（V. M. Slipher）测定的，但是这些测定局限于有限的比较近和比较亮的星系。哈勃的巡天把斯里菲尔的工作延伸到更远和更暗的星系。哈勃的大部分工作都是在 2.5 m 望远镜上完成的，如图 12-12 所示。

图12-12　威尔逊山上的2.5m望远镜。哈勃关于星云红移的重要工作,大部分都是在这架仪器上完成的

斯里菲尔已经发现,在星系光谱中谱线波长都系统地比实验室中观测到的要长一些。例如,某一谱线的实验室波长为λ_0,则星系光谱中同一谱线的测量波长可以写为

$$\lambda = (1 + z)\lambda_0 \ 。$$

其中z(绝大多数情况下都是正的)对于一个星系的所有光谱线都是相同的,z叫作这个星系的红移。在斯里菲尔的样品中,不同的星系具有不同的z值,在哈勃的更多的样品中也是这样。

对于这样的结果,我们可能会想到,如何去确定星系光谱中与每一谱线对应的原子的特性,只要光谱中具有不止一条谱线,就可以得到一条谱线的测量波长与另一条谱线的测量波长之比,这个比值不受红移的影响。若 $(\lambda_A)_0$ 和 $(\lambda_B)_0$ 是两条谱线的实验室波长,一条由 A 种原子产生,另一条由 B 种原子产生,则有

$$\lambda_A = (1+z)(\lambda_A)_0, \lambda_B = (1+z)(\lambda_B)_0。$$

λ_A 和 λ_B 是红移为 z 的星系光谱中的测量波长。取两个方程之比,因子 $(1+z)$ 消掉,得

$$\frac{\lambda_A}{\lambda_B} = \frac{(\lambda_A)_0}{(\lambda_B)_0}。$$

从实验室得出的比值 $(\lambda_A)_0/(\lambda_B)_0$ 准确地符合于所讨论的谱线。只有在极个别的情况下,同一比值也适用于与第三种原子有关的谱线。$(\lambda_A)_0/(\lambda_B)_0$ 的唯一性表明,在同一星系的光谱中,若对两种谱线的测量正好得出这个唯一的比值,而且与实验室的比值相同,则可以肯定,这些谱线是来自原子 A 和原子 B。联立 (λ_A) 和 $(\lambda_A)_0$, λ_B 和 $(\lambda_B)_0$,根据 $1+z=(\lambda_A)/(\lambda_A)_0$ 和 $1+z=\lambda_B/(\lambda_B)_0$,便可以得到 z。

哈勃做出的关键性发现是星系的光度和它们的红移之间存在着很强的统计相关,光度越小的星系,红移越大。由于光度越小,距离越大,因此这一发现的含义是,星系的红移随距离而增加。除了哈勃的第一批星系样品,对于更远的星系,红移会不会继续增加呢?第一批星系样品都是单个的场星系。为了延伸距离范围,哈勃利用星系团中的星系,因为星系团中的亮星系比场星系更均匀,这样会大大减小

统计上的弥散度。由于这种均匀性，遥远星系团中星系样本在数目上可以比场星系样本来得少，对于现在的工作这是一个至关重要的条件，因为现在研究的星系比以前的远，也比以前的暗。这样一来，大大增加了观测上的困难，每一个星系都要求增加望远镜的工作时间。这项工作确实是十分需要的，于是哈勃开始同哈马逊（M. Humason）合作，哈勃负责测量光度，哈马逊负责测量红移。

哈勃和哈马逊得到的结果如图 12-13 和图 12-14 所示。今天通常用更直接的方式表示这种结果，即取光度 L 的对数与红移 z 作图。但是，在 20 世纪 30 年代，光度都按图 12-15 的方式化为星等，红移则用多普勒速度表示。在图 12-13 和图 12-14 中出现的便是星等和速度。

多普勒速度 v 和红移 z 的关系式为

$$1+z=\sqrt{\frac{c+v}{c-v}},$$

其中 c 为光速。因此很容易把上式化为

$$v=c\cdot\frac{z^2+2z}{z^2+2z+2}。$$

光的速度接近于 $300\,000\,\mathrm{km\cdot s^{-1}}$。将 c 值代入，并取 z 等于观测到的星系红移，便给出以 $\mathrm{km\cdot s^{-1}}$ 为单位的 v 值。图 12-14 的纵坐标是用这种方法得出的 v 对数值（以 10 为底）。若红移很小，上述关系可以简化为近似形式，

$$v=cz。$$

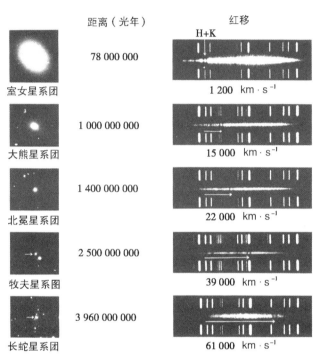

图12-13　河外星系红移和距离之间的关系。某种原子的谱线红移,例如钙的 H 和 K 线(图中箭头所指),当用多普勒效应来解释时,便给出图中列出的速度。红移以速度表示,即 $c\Delta\lambda/\lambda$。1光年约等于 9.5×10^{12} km。距离是根据膨胀速率 50 km/s/Mpc 得出的,1pc 等于 3.26 光年

哈勃和哈马逊的观测结果表明,星系的红移与它们的距离成正比

图 12-14 包括两方面的内容。第一,$\log v$ 和星等 m 之间存在着线性关系。第二,图中直线的斜率要求关系式的形式为

$$\log v = 0.2\,m + 常数。$$

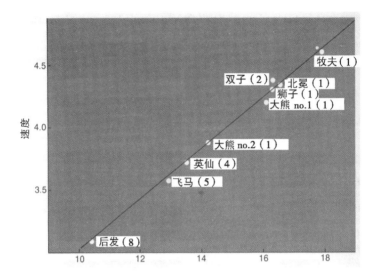

照相星等 M_{pg}（星系团中第 5 个最亮的星系）

图 12-14　哈勃和哈马逊的观测结果证实了 m 和 $\log v$ 之间存在着线性关系

也就是说，系数 0.2 是由直线的斜率决定的，按图通过实测容易证明这一点。对于所讨论的星系，采用 $v=cz$ 是足够精确的，于是

$$\log(cz) = 0.2\,m + \text{常数}。$$

而 $m = -2.5\log f + \text{常数}$，$f$ 是从星系观测到的能通量。因此

$$\log(cz) = -0.5\log f + \text{常数}，$$

写出

$$f=L/4\pi d^2,$$

其中 L 是星系的内禀光度，于是得

$$\log(cz)=\log d-0.5\log(L/4\pi)+\text{常数}。$$

如果所有被观测的星系都具有相同的光度，则上述方程中 $-0.5\log(L/4\pi)$ 对所有的星系都是一样的。在这种情况下，每一个星系的 z 值正比于它的距离 d。的确，如果取上述方程的反对数，便得到方程

$$cz=Hd,$$

其中 H 是与 L 和前面一些方程中其他常数有关的一个常数。最后得到的这个结果便是哈勃定律，H 被称作哈勃常数。

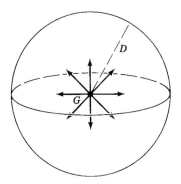

图 12-15　若星系 G 在单位时间里发出 L 单位的能量，这些能量各向同性地通过以 G 为中心、D 为半径的球面，球面上单位面积在单位时间内接收到的能量 $f=L/4\pi D^2$。在这种情况下，星等按下面的对数关系定义，$m=-2.5\log f+$ 常数，常数的选取（在这里并不重要）取决于 1 等星的亮度

根据观测结果，哈勃得出 $H=530\,\mathrm{km/s/Mpc}$，其含义是，距离每增加 1 Mpc，星系所具有的速度 v 便增加 $530\,\mathrm{km\cdot s^{-1}}$。这表明，每 Mpc 的 z 值大约增加 0.00177。因此，在 d Mpc 处的星系，当 d 不太大时，其 $z=0.00177d$。

最近的一些观测结果，包括重新测定星系的光度，对 H 值做了重大的修正，减小到大约 75 km/s/Mpc。修正的原因在第 9 章中已做过讨论，不过直到今天，H 的"真"值究竟是多大仍然没有取得一致。一些天文学家取 H 的值低到 50 km/s/Mpc，而另一些天文学家则取 H 的值高到 100 km/s/Mpc。

哈勃定律的线性特征对于红移小于 0.3 的星系相当理想，这些星系的距离最远可达 1500 Mpc 左右。对于更遥远的星系，会与公式 $cz=Hd$ 出现偏离。后面我们将看到，如果这种偏离的特性能够根据观测确定下来，则会对宇宙的大尺度结构给出十分重要的信息。

§12-3 膨胀着的宇宙

哈勃定律要求我们的银河系处于这样的地位，除了几个最邻近的星系（具有非常小的负 z 值）外，所有其他的星系都在远离我们。初看起来，这似乎要求我们处在宇宙的一个特殊位置上，就好像位于某一特别优越的中心点上。但是，稍加思考就会发现，这样的推论是错误的。如果我们处在另外任何一个星系上，我们会看到同样的大尺度图像，其他的星系也会服从 $cz=Hd$，z 和 d 则从新的特定位置量起。这是宇宙的一条重要的普适特性，即所谓均匀性，在 §12-4 中我们还会做更详细的讨论。

哈勃定律不需要观测者处于特殊的位置上

下面的两个例子清楚地表明，哈勃定律并不需要观测者处于特殊的位置上。

第一个例子是一个橡皮球在膨胀，如图 12-16 所示。假如在球上有若干个点作为标记，没有哪一个点是处于特殊的位置上。但是，当球膨胀时，所有的点都彼此互相远离。

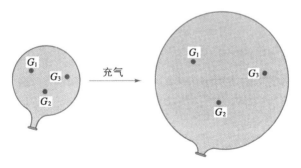

图 12-16　给一个气球充气，气球表面上的点 G_1，G_2，G_3 彼此远离。但是，没有哪一个点能够声称，自己是处于球面的特殊位置上

第二个例子是设想一个放在烤箱中加热的立方形金属丝架，如图 12-17 所示。金属丝的长度随加热而膨胀，所有的接点都彼此互相远离。在这里，同样不存在任何特殊的接点。尽管我们可以认为金属架内部的接点与边界上的不同，但是，只要把金属架做得越来越大，边界上接点所占的比例就不断减小，当金属架变为无穷大时，内部接点和边缘接点的区分便消失了。

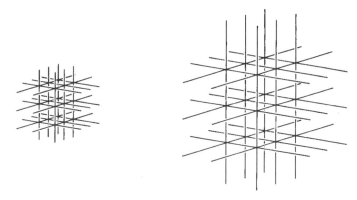

图 12-17　一个立方形金属丝架在加热中膨胀。所有的接点彼此远离。在这里，
同样没有哪一点能够声称，自己是处于特殊位置上

第一个例子与封闭的、有限的宇宙模型相类似，这种模型将在下一章讨论。第二个例子则同开放的、无限的宇宙模型相类似。可以设想，像加热的金属架一样，星系所处的空间在不断膨胀，结果造成星系间的距离均匀地增加。图 12-18 表示 3 个星系 G_1，G_2 和 G_3 随时间的变化。开始，星系组成一个小的三角形，后来变大，但是三角形的形状保持不变，因为三条边长是以相同的比例在变化。

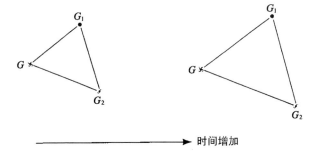

时间增加

图 12-18　由我们的星系 G 和另外两个星系 G_1 和 G_2 组成的三角形，在两个不同时刻具有不同的尺度

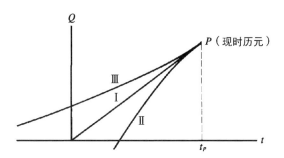

图 12-19　对于三种不同的膨胀宇宙，尺度因子 Q 对时间 t 的函数关系。P 代表现时历元，曲线可以向 P 的未来延伸，以预言宇宙未来的性质。对于直线 I，距离正比于时间 t，膨胀速率为常数，因此，时刻 t 的哈勃常数就是 $1/t$

　　把这一规律推而广之，就有任何星系间的距离都随时间以相同的比例变化，通常称为宇宙膨胀。图 12-19 绘出距离随时间变化可能有的三种方式（I，II，III），尺度因子 Q 适用于所有星系间的距离。设 P 点所处的时间对应着现时历元。假如我们从现在沿图 12-19 的直线 I 往回追溯，在 $Q=0$ 时到达 O 点，这意味着所有观测到的星系当时都处在一点上。在这一时刻，整个可观测宇宙收缩为一点。

　　直线 I 对应着宇宙随时间线性膨胀。如果不是这种线性膨胀，而是过去比现在膨胀得快，情况会怎样呢？这时的情况是图 12-19 中的曲线 II，位于直线 I 的下面。这时从 P 返回到 $Q=0$ 的时间间隔要短一些。从现时历元返回到 $Q=0$ 的时间间隔叫作宇宙年龄。在 II 的情形下，宇宙年龄显然比 I 的线性膨胀要短。假如是另一种情形，过去的膨胀速率小，如图 12-19 中的情形 III，则宇宙年龄会更长一些。事实上，如果越往过去膨胀速率越慢，则有可能宇宙年龄为无限大。当返回到过去时，Q 会变小，但 $Q=0$ 的条件却永远达不到。这种情况称作稳恒态宇宙模型，而情形 II 则具有一定的年龄，它出现在所谓大爆炸宇宙模型中, 这一课题我们将在第 13 章中讨论。

Q=0 的阶段代表宇宙的起源

天文学家把 $Q=0$ 解释为出现在宇宙起源时的状态。宇宙就是从 $Q=0$ 时的历元"开始"的。我们目前观测到的星系退行速率是早期宇宙状态的遗迹, 它们比当初的速率慢了很多。天文界乐于采纳图 12-19 中的曲线 II。下一章中我们将要讨论这种看法是否能被天文观测所证实。

§12-4　宇宙的对称性

在 §12-2 中我们曾经强调, 哈勃定律对于处在任何一个星系中的观测者都是成立的。人们相信宇宙的这种均匀性可以在下述更广泛的意义上加以应用: 要在空间中识别某一个位置, 只能根据周围的细节, 而不能根据宇宙的大尺度结构。这种信念当然无法通过实验来证实, 因为实际上我们无法把自己在空间中的位置做很大的改变。然而, 我们可以说, 我们的观测还没有与这种论点不一致的地方。怎样才算是观测与均匀性不一致呢?

图 12-20 和图 12-21 示意性地表示了均匀和非均匀的星系分布情况。图 12-20 具有局部的变化, 但在大尺度上分布是均匀的。而图 12-21 却是显著地不均匀, 以我们的星系为中心按壳层分布。两种分布都对应着同一历元。假如暂时忽略光的传播时间, 则我们可以看出观测结果若与图 12-20 一致, 便不会与图 12-21 一致, 反之也是一

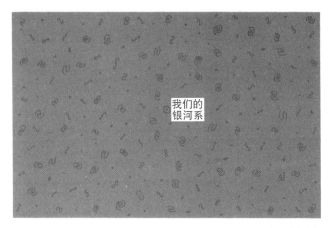

图 12-20 点（代表空间的星系）的均匀分布。只要我们跳过局部区域的分布情况，就看不出哪个区域特别密集，或者特别稀疏

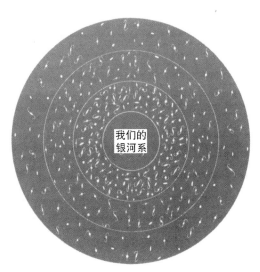

图 12-21 虽然不同的同心壳层具有不同的星系密度，对于中心的观测者仍然是各向同性的，但对于不在中心的观测者不再是各向同性的（图中夸大了星系的密度）

样。因此，观察星系随距离增加的密度变化情况便至少可以排除其中的一种情况。事实上，图 12-21 与观测相矛盾；而图 12-20 这种均匀分布的情形与密度测定结果是一致的。

光的传播时间，从远距星系来比从近处来要长一些。因此，随着图 12-21 中壳层半径的增加，观测到的应该是越来越早期的星系密度。但是，要使这种效应可以忽略不计，则须在光的传播时间内密度变化不大，这一条件当膨胀因子 Q 变化不大时是满足的。参考图 12-19，可见在这种情形下，光的传播时间必须远小于宇宙年龄，也就是说，远小于 100 亿年。因此，我们应该把距离限制在几亿光年的范围来进行上述的观测。只有当我们知道了 Q 随时间的确切变化情况，才能把观测范围延伸得更远，而对此我们却并不知道。由于这个不确定因素，我们只能说，就我们所能达到的宇宙范围，观测结果是与均匀结构一致的，但观测并没有证实情况必然如此。因此，甚大尺度上的均匀性还只是天文学们的一种信仰罢了。

相对于我们自己的星系，宇宙在大尺度上是各向同性的

把最近、最亮的星系（例如，新总表中的星系）画在天球上，会发现它们的分布是不均匀的，无论是邻近天区，还是相隔很远的不同天区，情况都是如此。类似的图对于越来越暗的星系来说，在邻近小天区内仍然是不均匀的，表现出有成团性。但是，如果把这些局部起伏平滑掉，则整个天空的分布会越来越变得均匀。在最大望远镜达到的范围内，星系的分布是非常均匀的。从我们的星系看去，宇宙在大尺度上不存在任何偏优的方向。对于我们来说，所表现的情况是各向同性的。

是否对其他星系上的观测者也是一样呢？没有任何办法能够直接通过观测来回答这个问题。无论是图 12-20 还是图 12-21，对于我们来说，在大尺度上都是各向同性的。但是，对于图 12-20 的情况，任何星系的观测者都会发现是各向同性的；而对于图 12-21 的情况，其他星系中的观测者则会发现不是各向同性的。

哥白尼时代之前，人们喜欢把地球看作是宇宙的中心。现在的情况不同了，今天的科学家发现这种观点是荒诞的。如果认为宇宙的大尺度特征仅仅对于我们才做了各向同性的安排，从当代的科学观点来看是不可思议的。因此，照宇宙学家的说法，原则上，图 12-21 的情况按理智分析是不能接受的。因此，我们断定其他星系中的观测者也应该发现是各向同性的。在这种情况下，数学能够证明，宇宙在大尺度上必然是均匀的，这种尺度大于由刚才讨论过的那些观测所确认的范围。

大尺度上的均匀性和各向同性极大地简化了宇宙数学模型的构造，在第 13 章中我们会看到这一点。我们说这类模型都是服从宇宙学原理的。

宇宙学家又认为存在着一个同步的宇宙时系统

以前所有的讨论中，本质上都是使用牛顿意义下的时间概念。但是，在第 10 章中我们已经看到，不存在为所有观测者都接受的统一时间系统，每个观测者携带的钟所测量的都仅仅是他自己的原时。我们如何来协调第 10 章和现在的讨论之间所存在的明显分歧呢？

第 10 章中的观测者是抽象地选择的，而现在观测者和星系相联系。这种选择观测者上的限制本身并不能解决问题，但却提供了解决问题的基础。我们还必须附加上一点，即星系之间都按哈勃定律联系起来。哈勃定律，再加上宇宙的均匀性和各向同性，便可以使每个星系的观测者所测出的原时彼此同步，得到一种类似于牛顿时的宇宙时系统。这使宇宙模型大为简化，我们可以按下面的方式看到这一点。

图 12-22 更明确地表示了图 12-19 中 I 的情形。若以适当安排的曲线表示星系的世界线，我们还可以通过以下的方式来讨论图 12-19 中 II 和 III 的情形。

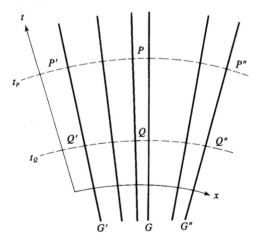

图 12-22 所有星系的世界线都表示在一个图上。只要假定宇宙在大尺度上是均匀各向同性的，则星系的世界线具有完全对称的分布，就像图中均匀发散的扇形一样

图 12-22 是一幅时空图。在这幅图中，我们自己的星系处于静止状态。对于任何其他星系处于静止状态时都可以画出类似的时空图来。这幅图是示意性的，图中横轴 x 代表整个三维空间。时间 t 是我们星

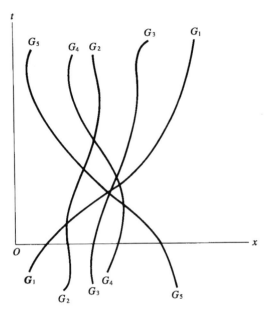

图 12-23　在一个扰动的宇宙中，星系 $G_1, G_2, \cdots$ 的世界线全都缠绕起来。幸运的是，我们的宇宙并不像这副样子

系中某一观测者的原时。这样，经过我们星系世界线上任意两点 P、Q 的时间差 $t_P - t_Q$，就是通过物理的办法，由我们星系中这位观测者携带一架钟测量从 Q 到 P 的时间间隔来加以确定的。通常我们并不期望 $t_P - t_Q$ 也是每个星系中每位观测者所测得的原时间隔，而且如果别的星系像图 12-23 那样混乱运动，则无法加以判断。不过，从刚才讨论过的那些限制条件来看，情况正是如此。例如，星系 G' 中的观测者携带同样的钟从 Q' 到 P'，测出的也应该是 $t_P - t_Q$；G'' 中的观测者携带同样的钟从 Q'' 到 P'' 测出的也是一样。正是由于星系世界线所具有的这一明显特性，才使我们可以得到统一的时间。

　　还有一点是很奇妙而又有趣的。上一段所描述的内容当然无法做实际检验，因为没有具体办法用钟去进行这样的测量，我们无法去比对各个星系中观测者的测量结果。区分真实宇宙和宇宙数学模型的重要性也正在这里，如果模型正确地表示了宇宙，则这个数学模型便能使我们算出这些时间测定必然会得到什么结果。天文学家相信，一种模型正确地代表宇宙，它就应该服从哈勃定律和宇宙学原理，而且要能够根据爱因斯坦的广义相对论来进行计算。所有这些判据对第 13 章中所讨论的大爆炸宇宙模型都是得到满足的。凡是存在着同步时间系统的模型被认为是服从外耳假定，这样取名是因为外耳（H.Weyl，1885 — 1955）第一个研究了这种时间系统的一般数学性质。

§12-5　奥伯斯佯谬

　　早在 1826 年，威尼斯物理学家奥伯斯（Heinrich Olbers）就提出了一个看上去很幼稚的问题，"晚上，天空为什么是暗的？"但是，这个问题却难以找到满意的回答。事实上，一直到了 20 世纪，这个问题才得到圆满解决。下面讨论的由这个问题引起的争论后来称为奥伯斯佯谬。

　　地球的自转使我们每天背离一次太阳，简单地回答自然是太阳光被截断使天空在夜晚变暗。这样的回答只有当宇宙中除了太阳和地球之外什么都不存在时才能令人满意。然而，还有许多恒星和星系。因此，真正的问题是，为什么恒星和星系在夜晚的天空中只产生微弱的光，而不像太阳在白天那样光辉夺目呢？要说明这个问题并不那么简单，让我们看一下奥伯斯当初提出的理由［其实，在奥伯斯之前还有瑞士天文学家奇西奥克斯（J.P.L.Cheseaux）]。

　　奥伯斯完全不知道星系是彼此分开的，他认为太阳系是处在均匀分布的恒星之中。由于我们不难设想把星系中的恒星均匀地分散在整个空间内，因此近代的图像与奥伯斯所猜想的是一致的。我们还可以把真实恒星的光度平均，取一个标准值 L，所有假设为均匀分布的恒星都采用这个值，每单位体积内有 n 个。

　　距离为 D 的一颗恒星，其流量 $f = L/4\pi D^2$，流量是指单位时间内通过垂直于恒星方向的单位面积上所接受到的能量。实际上，随着距离的增加，流量变得非常小。因此，我们也许马上会想到，远处恒

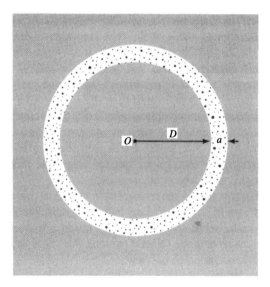

图 12-24　根据奥伯斯提出的理由，每一厚度为 a 的球层，其所有恒星对 O 点天空亮度的总贡献是一样的，不论距离 D 有多大都是如此

星对夜晚天光的贡献是微不足道的。但是，如果考虑图 12-24，在一个厚度为 a 的薄球层内有很多的恒星，该层的体积为表面积乘以厚度，即 $a \times 4\pi D^2$。因此，这个球层内包含有 $4\pi aD^2 n$ 个恒星。每个恒星贡献的流量为 $L/4\pi D^2$，于是球层内所有恒星的总流量等于

$$\frac{L}{4\pi D^2} \cdot 4\pi aD^2 n = anL \text{。}$$

令人惊奇的是，它与距离 D 无关。单个恒星由于距离遥远变暗完全可以由均匀分布的恒星数目的增加来补偿。整个宇宙中所有恒星的总流量是多少呢？答案可以这样求出，随 D 的增加取一系列的球层，各层的厚度都是 a，则每一球层对总流量的贡献为 anL。

奥伯斯假设，宇宙在空间上是无限的，在牛顿物理学中的确总是这样。这一假设表明，图 12-24 中球层的数目应该是无限的，于是流量也应该是无限的，那么天空也应该无限地亮，而与我们是否面向太阳无关！显然，这样的理由必然存在着严重的错误。对于 19 世纪的天文学家来说，问题在于找出其错误之所在。

想通过恒星辐射在到地球的途中被空间介质吸收来回避这一结论是无济于事的，它只是把困难从一个地方转移到了另一个地方。吸收辐射的介质势必被加热，再重新辐射。不用多久，介质辐射的能量和吸收的一样多，一模一样的困难依然存在。

如上所述，奥伯斯的理由不言而喻地认为，恒星是一个辐射点源，而实际上恒星都具有一定的大小，因此近处的恒星势必遮挡远处恒星

的辐射，这个效应在我们的计算中被忽略了。不过，稍加思考便发现，远处恒星被遮挡只能避免上述的无限大的结果。但是，流量虽有限却大得出奇，整个空间的表面亮度将同典型的恒星一样。这样一来，地球会像是处在一个辐射槽里，四周的辐射强度将和恒星的光球一样。因此，这样的修正并不能成功地解释佯谬。

奥伯斯佯谬可按几种途径来加以解释

如果宇宙有足够短的年龄限制，则佯谬可以得到合理的解释。从一颗距离为 D 的恒星发出的光，传播时间为 D/c ；而如果宇宙的年龄为 T ，也就是说，如果在时间 T 之前恒星都不存在，这样距离大于 cT 的恒星发出的光还不可能到达地球。因此，我们刚才所讨论的一系列球层必然在距离 cT 处被截断，图 12-24 中的对地球上流量有贡献的球层数目必然是有限的，只要 T 不特别大，流量就很小，因而夜天空实际上就是暗的。

这样解释佯谬已经为 19 世纪的天文学家所接受，但是，这看来不如岛宇宙的概念更有利。如果宇宙的物质成分是由有限的恒星云组成，它们处在无限的空间中，那么也会出现差不多的情形。在星云边界之外不会对地球上的流量有贡献，只要星云不是特别大，则地球上接受到的流量同样会很小，因而夜天空也会足够地暗。

直到 20 世纪 20 年代初，天文学家才普遍接受星系是一种与我们自己的银河系无关的系统。在这之前不少人固执地墨守成规，认为星系都是处在我们自己银河系之内一些很小的云状天体（参考第 9

章）。为了解释奥伯斯佯谬，更进一步助长了这种错误观点。

在近代，对于奥伯斯佯谬已经不存在困难。目前可以通过不止一种途径"圆满地得到解释"。宇宙的有限年龄或者红移现象都能解决问题。流量公式 $f=L/4\pi D^2$ 适用于 19 世纪天文学家所采用的牛顿宇宙。当 D 不是很大，因而红移 z 也不大时，该公式对近代宇宙模型也近似成立。然而，当 D 增大时，红移的引入会使流量截断，公式修改为 $f=L/4\pi D^2(1+z)^2$。当修正因子 $(1+z)^2$ 起作用时，利用已知的星系密度计算到达地球的总流量时，得出的结果非常小。因此，仅是红移对流量的影响就足以克服奥伯斯佯谬的困难。

第 13 章
大爆炸宇宙论

§13-1　宇宙学模型

宇宙学研究有两个方面的内容：第一是要寻求能模拟真实宇宙观测特性的数学模型；第二是要做出一些预言，以便在将来接受观测的检验。除了这两个明确的目标之外，我们还可以再补充一个更微妙的目标，那就是把我们所知道的物理定律尽可能地在时间和空间两个方面进行外推。这些目标中的第一个对于任何理论来说都是最为基本的；第二个激励人们进行新的观测；第三个可以增进我们对科学的基本认识。

对于宇宙学来说引力是最重要的一种相互作用

首先，任何理论都必须扎根于我们对物理学的现有认识之中。在本书的叙述过程中，我们已经知道有四种基本的物理相互作用，其中对确定宇宙大尺度结构起主要作用的是引力。在这一章中，我们会看到宇宙的动力学特性确实由引力相互作用所决定。然而，其他几种相互作用也并非毫不相干。电磁相互作用为我们提供有关宇宙遥远部分的信息。要是没有光和其他形式的辐射，所有的宇宙学模型都只是一些纯理论性的练习。我们也知道利用有关强、弱相互作用的知识去认识物质的原初条件，以及在今天又是怎样去找到原初物质的遗迹。

爱因斯坦广义相对论是宇宙学理论的物理基础

尽管牛顿引力理论比爱因斯坦广义相对论容易掌握，但是牛顿的理论同现代物理学的其他方面存在着某些概念上的矛盾。我们已经知道，太阳系内对水星近日点进动和光线经过太阳时发生弯曲现象的验证，是由爱因斯坦理论而不是由牛顿理论来做出解释的。鉴于这些理由，在宇宙学中看来我们应该相信广义相对论，而不是旧的牛顿理论。

对于宇宙学这个特殊问题来说，还有另外一些理由支持着这一观点。在宇宙学中，我们必然要涉及非常大的距离 —— 对于这样的距离，光也得走上几十亿年时间。如果想要把牛顿有关瞬时超距作用的概念用在这么大的距离上，我们就得十分谨慎小心。爱因斯坦理论没有这个困难。当我们试图计算宇宙的某一部分对另一部分所产生的牛顿引力时又会出现另一个问题。由于牛顿空间的无限大性质，数学家们又是用无限远边界条件的形式来考虑问题，对这种作用力的计算就可能会非常不确定。

在牛顿理论中可以构成一些合理的宇宙学模型

前面我们在第12章中提到了均匀各向同性宇宙这一特殊情况中的一些困难，而米尔恩（E.A.Milne）和麦克雷（W.H.McCrea）在1934年就已对如何克服这些困难做出了说明。就牛顿理论来说，只要对光的性质给以巧妙的解释，那么结果会发现米尔恩和麦克雷的模型同广义相对论模型十分相似，以至使人感到意外。

在有关黑洞的讨论（第 11 章）中我们也已碰到过类似的情况。我们看到了在用牛顿理论进行计算时，球对称尘埃云引起坍缩的特征同按广义相对论的计算结果是一样的。但是，牛顿的理论不能说明做自旋运动黑洞的最基本特征；同样，对于比较复杂的非均匀各向同性宇宙学模型来说，它也是无能为力的。

从已经提到的这些情况来看，在这一章中我们显然认为最好是采用广义相对论。但是，对描述宇宙学问题来说，这并不等于完全肯定了广义相对论就是完美无缺的理论。尽管它比牛顿的引力理论略胜一筹，但也存在着一定的缺点。在下面的最后一章中我们还要回过头来对这些缺点做一番讨论。

§13-2　弗里德曼模型

在第 12 章中我们已经看到，满足宇宙学原理并且同时又满足韦尔假设（参见 §12-4）的模型，具有能对全部星系确定一种同步时间 t 的简单性。由 $t=$ 常数所确定的时空截面是均匀各向同性的，图 13-1 中示意性地说明了这一点。

等宇宙时空间的曲率处处相同

数学家们还有另外一种方法来描述时空的均匀各向同性截面，

这就是等曲率三维空间。曲率可以有三种类型：零（A），正（B）和负（C）。

举例来说，我们可以借助二维空间中的一些简单例子来理解正、负曲率的概念。这类例子正是我们所熟悉的一些特殊形式的面。平面，诸如房间的墙面或者瓶子中处于静止状态的水面，它们具有零曲率。球面具有正曲率，并且对球面上所有的点曲率都相同（鸡蛋表面也具有正曲率，但并非处处相同）。另一方面，马鞍的表面则有着负曲率，而且面上的不同地方曲率不是恒定不变的。如果使直角双曲线绕着它的一根轴旋转，构成如图 13-2 所示的那种喇叭状图形，那么就可以得到一个有等负曲率的面。

可以做一个简单的实验来判别某个面上任何一点处曲率的类别。取一小块纸片，把它放在这个点上，然后把纸片同这个面上靠近该点的小块区域紧贴在一起，如果纸片同这一小区域贴合得恰到好处，那

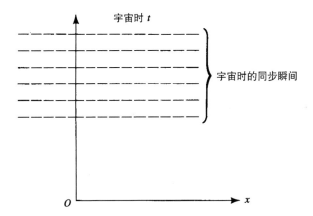

图 13-1　只要所有的观测者以统一的方式对他们的钟设立一个零点，那么就可以确定一种宇宙时系统。图上的虚线是时空的空间截面，它们是均匀各向同性的

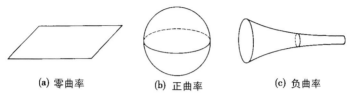

(a) 零曲率   **(b)** 正曲率   **(c)** 负曲率

图 13-2　等曲率二维空间的几个例子

就是情况 A。如果纸片皱了起来，就是情况 B。要是纸片出现开裂，那就是情况 C。

对于更高维数的空间来说，要想形象化地表示它们的曲率就很困难了，但是很容易用数学方法来加以描述。从上面的一些例子我们可以知道存在着 A、B、C 三种可能性。其中第一种可能性给出了由 $t=$ 常数所确定的图 13-1 空间截面上简单的欧几里得几何学形式，而 B 和 C 两种可能性则要求在这些空间截面上的非欧几里得几何学形式（参见第 10 章）。如果回到图 13-1 并且重温一下宇宙在膨胀这个观测事实，那么现在就会出现下面的问题：我们需要寻求标度因子 $Q(t)$，以能知道空间截面中的几何关系如何随时间而变化。请注意，膨胀现象不会改变空间的类型。属于某一类型（A，B 或 C）的空间将会保持这一类型不变。在 B 和 C 两种情况中，曲率随空间膨胀而减小。对 A 来说，曲率始终保持为零，但任意两个星系之间的距离将会随空间的膨胀而增大。

广义相对论给出了有关膨胀因子 Q 的信息

1924 年俄国天文学家弗里德曼（A. Friedmann）研究了利用爱因

斯坦引力方程来确定函数 $Q(t)$ 的问题，他假定宇宙中物质的压力可以忽略不计。如果我们所在的是图 12-22 的有规则宇宙，而不是图 12-23 的湍流宇宙，这一假设就是正确的。通常把无压力的物质称为尘埃，正因为这一点弗里德曼的宇宙学模型往往就称为尘埃模型。建立这些模型的宗旨是要取得有关宇宙大尺度结构的完整信息。我们现在就来讨论这一目标在多大的范围内取得了成功。

尽管爱因斯坦理论为宇宙的大尺度结构加上了一些约束条件，但是，它仍然不足以对宇宙的几何学形成做出唯一的选择。具体来说，它并没有解出适用于 $t=$ 常数空间的几何学形式。这里有三种形式，我们已称之为 A，B，C（$A \equiv$ 欧几里得几何学）。然而它也的确证明了如果 A 是合选的形式，那么星系之间就会永远不断地互相分离开去。事实上，在这种情况下爱因斯坦理论对 $Q(t)$ 推算出了某种明确的结果，如图 13-3 所示。如果以 $Q=0$ 时的瞬间作为全部星系中所有观测者时钟的零点，这等效于 §12-4 中所提议的做法，那么可以证明 Q 与 $t^{2/3}$ 成比例（即与 t 的立方根的平方 $(t^{1/3})^2$ 成正比）。

有关 Q 的信息绝不是完整的

对于 B 和 C 所指的两种比较麻烦的几何学形式来说，爱因斯坦理论就不大明确了。不过，它确实证明了在 B 的情况下 $Q(t)$ 曲线以图 13-4 的方式反转，曲线具有对称的形式。过了标度因子 $Q(t)$ 的极大值之后，星系际距离就收缩，收缩过程同早期膨胀的情况正好反相。对于最后一种可能的几何学形式 C 来说，$Q(t)$ 是不会反转的。图 13-4 综合表示了这三种情况，其中约定对全部时钟零点的安置要

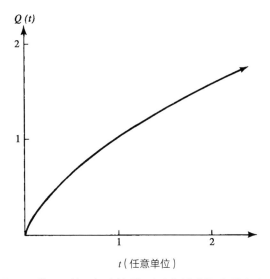

图 13-3 说明 A 型大尺度几何关系的 $Q(t)$ 的变化特性，这是根据爱因斯坦引力理论得出的结果。对于 $Q(t)$ 所选择的单位是要使得 $t=1$ 时 $Q=1$

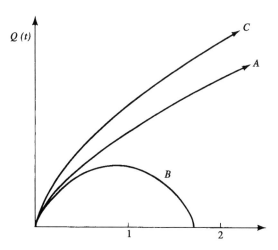

图 13-4 说明 A，B，C 三种大尺度几何学形式的 $Q(t)$ 的变化特性，这是根据爱因斯坦引力理论得出的结果。对 $Q(t)$ 所用单位的选择是使得 $t=1$ 时有 $Q=1$，但这时对于三种情况来说每一种要求垂直轴有不同的标度

能使 $t=0$ 与 $Q=0$ 瞬间相对应，而且不管几何学形式是 A，B 还是 C 都是如此。请注意，几何学形式 A 的变化特性是完全确定的，而对于 B 和 C 这两种几何学形式却有着许多种可能性。尽管我们可以说 B 和 C 有着图 13-4 所表示的总体性质，但是由爱因斯坦理论我们无法在这些可能性之间做出判别，例如图 13-5 即说明了这种情况。

下面我们将要把许多讨论内容限制在情况 A。一方面是因为这种情况下标度因子 $Q(t)$ 的变化特性是唯一的，另一方面在于它的欧几里得处理问题方式简单易懂，同时也因为有我们将会在第 14 章中看到的某些非常普通的理由。这种宇宙模型往往称为爱因斯坦-德西特（Einstein - de sitter）模型，我们通常也就用这一名字来称呼它。

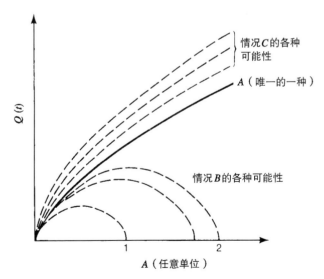

图 13-5 如果大尺度几何学属于 B 型或 C 型，那么 $Q(t)$ 的变化特性就不是唯一确定的。图中对 $Q(t)$ 所用单位的选取是使得 $t=1$ 时有 $Q=1$

§13-3　哈勃定律的推广

我们现在来考虑这样的可能性：走出我们所在的宇宙局部区域后，新的观测也许会给宇宙的大尺度结构带来更多的信息。因为从原则上说可以利用观测非常遥远的星系来对 A，B，C 这三种几何学形式做出判别，所以这个课题从理论和实用两个方面来说都是很重要的。本章以下的内容就是要对这些问题进行较为详细的讨论。

观测的距离范围越大，对了解宇宙的正确几何学形式就越为重要

在 §12-2 中，我们知道了如何用一幅图来表现星系，图上水平方向标注的是观测视星等，而纵坐标则是多普勒速度 v 的对数。然而，现在用多普勒速度就不对了，因为对于星系观测红移的多普勒解释属于狭义相对论几何学。现在是要把我们对问题的讨论扩展到远得多的距离范围，在这样大的距离上，简单的狭义相对论几何学也许就不成立。为避免采用 $v=cz$，我们只要直接标出观测红移 z 就可以了。

前面已经讨论过红移的性质，但再做一些讨论是有益的。我们对某个具体的星系观测了原子的特征谱线的辐射，比如一次电离钙原子的 H 线和 K 线，所测得的频率分别记为 v'_H 和 v'_K，这两个频率与地面实验室中所观测到的电离钙原子谱线频率（比如说 v_H 和 v_K）不一样。但是，比值 v'_H/v'_K 和 v'_H/v'_K 是相同的。定义 $1+z=v_K/v'_K=v_H/v'_H$，因为 v_K 大于 v'_K，v_H 大于 v'_H，所以红移 z 是一个正数。

假设我们所研究的全部星系在内禀性质上彼此相同，则爱因斯坦-德西特模型得出的 z 和视星等 M 之间的关系如图 13-6 所示 [1]。下一章中我们将会知道如何得到这一特定的关系。在 z 值比较小的部分，图 13-6 中的 45° 线实质上就是图 12-14 中的直线；但是，当 z 值变大，曲线就偏向直线的右方。

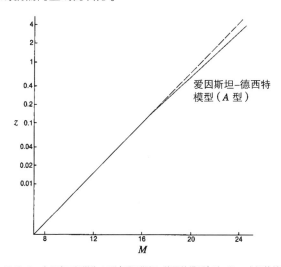

图 13-6 大尺度几何学为 A 型（爱因斯坦-德西特模型）时 z 和 M 之间的关系

　　对于 B 和 C 这两类几何学形式也有相应的曲线。C 类向 45° 线的右方偏离得更远，位于图 13-6 中的曲线（已重画在图 13-7 上）和画在图 13-7 的另一条曲线之间。说明 B 类几何学形式的曲线有着图 13-8 所表示的形状。z 值很大时这类曲线明显地处在爱因斯坦-德西特模型曲线之上。因此，正如图 13-9 所表示的那样，爱因斯坦-德西特模型曲线把 B 类同 C 类曲线分隔了开来。

---

1. 在前面的一些章节中总是用 m 来表示视星等。这里我们改用 M，以便在后面可以用 m 来表示粒子的质量。

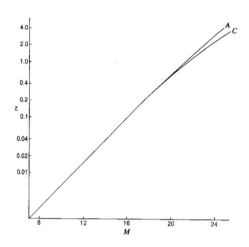

图 13-7　大尺度几何学为 C 型时，z 和 M 间的关系是位于图 13-6 曲线之下的一条曲线

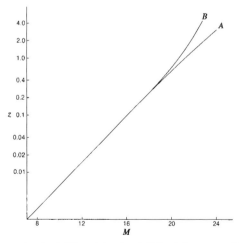

图 13-8　大尺度几何学为 B 型时，z 和 M 间的关系是位于图 13-6 曲线之上的一条曲线。此外，图中对这一关系未做详细说明

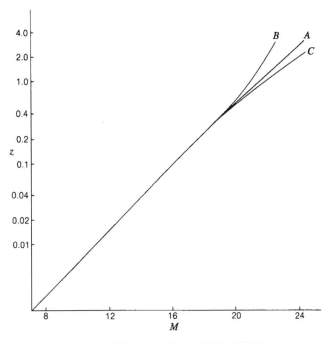

图 13-9　三种类型宇宙几何学 z-M 关系所具有的形式

　　图 13-9 中的 45°线部分适用于局部几何学的有限范围。一般来说，距离变大就会偏离这条直线，具体情况取决于大尺度几何学的性质。如果我们发现在很大距离上观测到的星系确实像图 13-10 和图 13-11 所表示的那样位于 45°线上，又如果星系在内禀性质上确实彼此相似，那么宇宙的几何学形式必然是 B 类。有些天文学家的确相信图 13-10 和图 13-11 说明了宇宙大尺度几何学是 B 类几何学。有时候会有这样的一些说法，它们的大意是星系系统的膨胀最终总会停止下来，并且代之以宇宙的收缩。上面所述的观点便是这类说法的基础。然而，也有许多天文学家认为 45°线和图 13-6 曲线间的差异即使在 z 值大到 1/3 时也非常微小，因而不能认为上述结论完全可靠。图

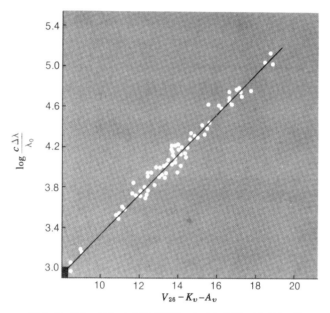

图 13-10　因为 $z=\Delta\lambda/\lambda_0$，左边的标度就是 $\lg(cz)$，下边的标度给出星系（指 84 个星系团中每个团内的最亮星系）的目视星等，其中已经做了某些修正，即 K_v 和 A_v。

13-10 和图 13-11 中已经做了观测的星系在内禀性质上的微小差异会破坏这一结论。

　　要是观测可以做到 z 值比图 13-10 和图 13-11 中星系的 z 值大得多，那么解决这一问题就比较容易了。因为随着 z 值的增大，反映爱因斯坦-德西特模型的图 13-6 中的曲线会越来越偏离 45°。举个例来说，如果发现图 13-10 和图 13-11 中这种 45° 线的相关性一直保持到 $z=1$，那么认为宇宙几何学是 A 类的理由就充足了。对于星系来说，向大的 z 值的这种扩展在技术上是有困难的。道理很简单，因为 z 值大的星系非常遥远，因而也就特别暗。

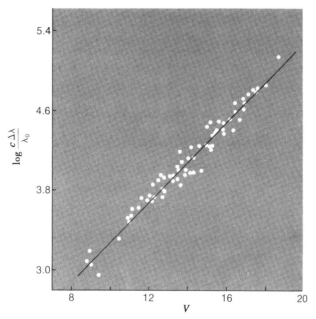

图 13-11　这幅图与图 13-10 相类似，但用的是射电星系。因为一些技术上的原因，现在的情况中没有加 K_i、A_i 这两项修正

在类星体发现之初，人们曾经以为由这些天体很快会使争论得到解决，因为知道许多类星体的 z 值之大正合我们之所需，有不少类星体的 z 值大于 1。图 13-12 给出了大约 250 个类星体的 $z–M$ 关系，由此清楚地看出为什么这个希望已经落空。这幅图表明类星体自身之间就存在着很大的变化，因此不能满足内禀性质相同这一最基本条件。尽管这一点令人失望，但是在将来仍然有可能设法把图 13-10 和图 13-11 的观测推远到更大的 z 值范围。目前世界各地正在建造许多新的大型望远镜，因而可用于观测的时间将会增多。新的方法会比老方法更灵敏。确定宇宙几何学性质的奖金将是很高的，因而看来不会因为技术上的困难而长时间地阻碍天文学家们达到力图取得这笔奖金的目标。

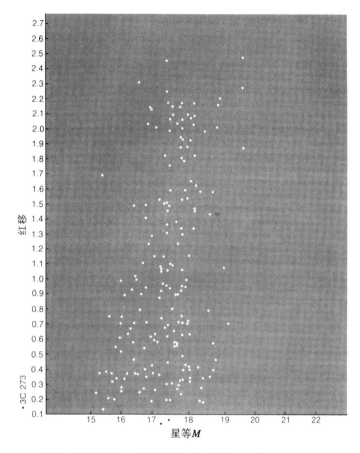

图 13-12　早期大约 250 个类星体的红移 – 星等关系。后来 700 多个类星体图表现出有同样大的弥散性。注意，这里在作图时直接用 z，而不是用它的对数

§13–4　射电源计数

正如光学天文学家可以测量天体的视星等一样，射电天文学家同样可以把无线电接收机调谐在某个选定的频率上来测量射电源的功

率。根据日常生活的经验，我们每个人对于通常所用的方法都是熟悉的。我们知道任何一台实际应用的接收机都不是正好调谐在某一个准确的频率上。即使接收机有少量的频率失谐，总还是可以收听到无线电节目。这个微小的失谐量称为接收机的带宽。射电天文学家所要做的就是用一台有确定标准带宽的接收机来测量射电源的功率。

在实际应用上，射电天文学家并不能随意地来选择他们的工作频率，其原因只是在于全球范围内一天 24 小时都在产生着许许多多的人为射电辐射。正因为天文距离实在太大，按日常生活的标准来看，从宇宙射电源所接收到的功率是极为微弱的，所以哪怕人为射电源只是做微不足道的竞争，测量天体射电波的工作也会变得十分困难。据估计，全世界所有的射电望远镜工作十年所能接收到的全部射电功率，要使一调羹水的温度哪怕升高百万分之一度也办不到。因此，射电天文学家必须在任何其他人都不在用的某种频率上进行工作。这种特定频率必须通过国际性的安排取得一致意见。事实上，已经给射电天文学家分配了若干特定的频率，而射电天文学的全部观测都只能在这些频率上来进行。

射电天文学家可以在分配给他们的某一个频率上来测量从射电源接收到的功率。他们可以对整个天空或者天空的一部分进行普查，对功率比某个给定值（比如说 S）大的源进行计数。这就是说，把那些发射功率使得接收器上读数大于 S 的小块天区的个数记下来；设这个数目记作 $N(S)$。在这项实验中，当 S 改变时我们怎样来预期 N 的变化特性呢？

如果我们提出以下的简化假设，那就不难对上述问题做出回答：

1. 所有射电源的内禀性质是相同的。
2. 射电源在空间均匀分布。
3. 在普查范围内时空的几何性质是狭义相对论的几何性质。

如果用图来表示 N 和 S 间的对数关系，那么我们会发现 N 的预期变化特性服从图 13-13 中的简单直线。随着 S 的变小，个数 N 就增大，这是因为 S 越小意味着距离越远，而在距离很远的地方射电源个数要比我们邻近区域内多得多。

通过对射电源的实际计数发现了一种不确定的、然而又神秘莫测的情况

图 13-14 表示了射电源计数结果，这是在位于西弗吉尼亚州格林贝克的国家射电天文台上完成的。除了在 S 值的高、低两端之外，观测结果同图 13-13 所预期的直线符合得非常好。在整个相当长的 S 值中间范围部分，这种一致性是很好的。观测得到的计数结果同图 13-13 中严格直线的偏离在 S 值的低端是显著而又重要的，但是在 S 值的高端却并不重要。影响图 13-14 中 S 值高端的射电源总数约为 400 个。要是在这 400 个射电源上再补充大约 40 个源，那么对图 13-13 中预期直线的偏离就会不存在了。现在，400 的平方根（也就是 20）代表了所谓的标准偏差，所以 S 值高端观测结果同图 13-13 中预期直线的偏离相当于大约两倍标准偏差。这样大小的偏差完全没有超出正态统计涨落的范围，因此也就没有什么太重要的意义。

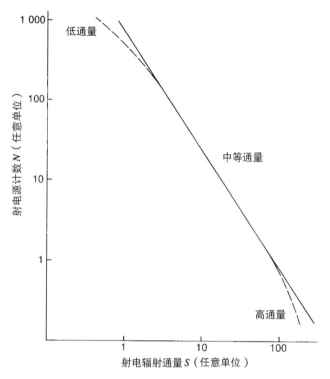

图 13-13　对于功率大于某个给定值 S 的射电源个数 N 所预期有的直线状变化特性，其中假定它们的内禀性质相同、分布均匀，以及时空的大尺度性质与它的局部小尺度性质相同。关于这类变化特性的观测证据见图 13-14

　　但是，图 13-13 中 S 值低端观测点落在直线之下的这种趋势并不是一种统计涨落。S 值低端源的数目 $N(S)$ 是很大的，统计涨落几乎没有影响。观测点的减少只能说明在 S 值低端上述的三个假设中至少有一个假设不再成立。S 值小意味着距离很大，人们往往推测这时不能成立的是假设 3。就是说，当距离尺度足够大时，时空的几何结构同我们由局部经验所认识的几何学形式不再一样。这恰恰正是我们通过 §13-2 的讨论所预料到的情况。

作为本节的结束，我们要来讨论一种令人不可思议的奇怪情况：这一情况正是出现在图 13-14 中观测结果表现为同图 13-13 预期直线相符合的地方，也就是 S 值的中间范围部分。为了深入研究这一问题，我们首先要注意到构成 $N(S)$ 的大部分源是射电星系。射电源计数中的类星体部分约占 15%，这一部分是不足以对 N 随 S 的变化特性产生决定性影响的。

对于那些距离不是太远的星系来说，由于哈勃定律的关系，我们可以假定利用图 13-15 的直线就能从 z 值的测定结果求得它们的距离 [请注意，图中的直线是由星系观测结果推算出来的 (z, D) 数据对建立起来的]。于是，一旦这条直线已经确立，我们就再也不用费心机去测定距离 D。因为相对来说测量 z 要比测量 D 来得容易。知道

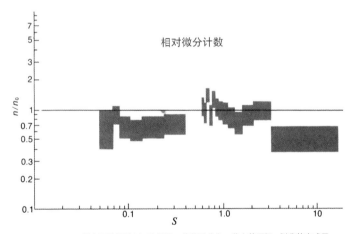

图 13-14　射电源计数结果，这里把 S 的范围分为一些小的区间，划分的方式是如果源的分布具有图 13-13 的直线形式，那么每一区间内有相同数目的射电源。左边的标度给出每一区间内实际计数结果 n 与任意选定的某个常数 n_0 之比。S 最高端的那个区间射电源比较少，其余部分除了左边一排中的几个区间外同图 13-13 中的直线情况没有显著的偏差。左边这些区间的结果表明在 S 值的低端 $N(S)$ 减少，这也就是图 13-13 中虚线所说明的情况

了 z 之后,所要做的仅仅就是按图 13-15 的方法读出 D)。如果对于中间范围 S 值 [也就是 $N(S)$ 变化特性与图 13-13 中直线相一致部分的 S 值] 所计数到的全部射电星系都取得了 z 的数值,那么我们就知道了全部这些射电星系 D 的数值。这一过程给出与中间范围 S 值相应的总体距离尺度,而我们就能在这一距离尺度上来评价假设 3。

实际上,到目前为止,已经做的是在对 S 值中间范围部分的 N 数起作用的那些射电星系中,已经测得了相当一部分星系的 z 值。由这些测量到的 z 值所推算出来的 D 值是相当大的,D 值之大确实使我们对假设 3 在如此大距离尺度上看来仍然很好地成立这一点感到惊讶。由于这种情况,自然要对我们有关宇宙学全部概念的主要内容重新进行估价。这种局面事关重大,除非能把其他可能性先行排除,不

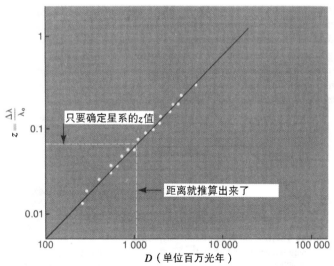

图 13-15 观测若干个星系,建立起 z 和 D 之间的关系,由此得到一条直线。这时,对于其他星系,一旦通过观测取得红移,那么只要利用这条直线就能读出它们的距离

然天文学家是不乐意接受的。天文学家们最乐意用的另一种做法就是放弃假设 2，这一假设曾用于图 13-13 中的直线。这样一来，除非假设 3 同样也不成立，不然我们就不可能得到这条直线（这条直线确实同 S 值中间范围部分的观测资料相吻合）。这个设想就是假设 2 和假设 3 都不成立，然而这时在 S 值的中间范围部分 N 随 S 而变化的预期特性却仍然遵循图 13-13 的直线 —— 上述争论中两项偏差引出的一种意想不到的补偿结果！

这后一种方案要求假设 2 不再成立，其含义是远距离地方射电源密度必然比近距离处的密度来得大。这是否意味着我们银河系位于射电源分布上的某种空缺部位的中央呢？的确如此。不过，这不是一种空间上的空缺，而是如图 13-16 所说明的一种时间空缺。我们在距离上看得越远，时间上就往回看得越早。我们要求过去时间的射电源个数比今天来得多。按图 13-16 的方式，在任意给定瞬间仍然保持着空间上的均匀性。

这种人们乐意采用的对于现象的解释机制通常称为演化宇宙，因为这时认为射电源的分布尽管在任意给定瞬间是均匀的，但是却随着时间而变化。演化宇宙是作为一种方法出现的，其用意是要使目前对一部分射电星系所取得的 z 值测量结果，同我们关于局部几何学适用范围的概念，以及同图 13-14 S 值中间范围部分的观测结果取得一致。演化宇宙存在着一种特有的缺陷，这就是刚才提到的那种意想不到的补偿作用。目前，还没有任何一种合适的理论来解释这种补偿作用。通常的观点认为补偿作用是偶然出现的。一种不太常见的观点认为，大部分 S 值处于中间范围的射电源离开我们并不太远，之所以看

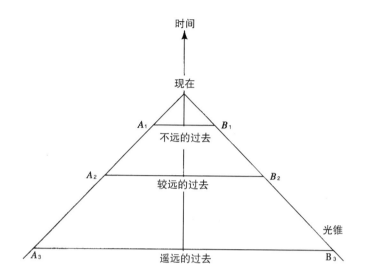

图 13-16　距离远的地方（而不是距离近的地方）射电源密度比较高，这一要求并非必然意味着破坏了空间均匀性。我们可以在距离远的地方看到比较多的源，因为这时在时间上往回看得比较早。这里，A_1 点和 B_1 点的射电源密度是相同的，但是那里的密度比 A_2 和 B_2 处得低，而 A_2 和 B_2 处的密度又要比 A_3 和 B_3 处得低

起来暗只是因为它们的内禀光度碰巧很低，这一点与少数已经取得 z 值的源不同。在射电天文学中越来越显示出存在着一种神秘莫测的现象，这就是所有的射电星系在光学波段都十分明亮，而且彼此相类似。尽管内禀光度很低的可能性同这种现象相矛盾，但它使一些事实得以满足而无须任何的巧合。就目前来说，这是解决问题的一种最为简捷的办法。它只不过相当于相信图 13-14 直线部分的数值，因为它向我们指出了属于 S 值中间范围部分的大部分射电源都是比较近的，处在局部时空结构适用的范围之内。如果情况是这样的话，那么我们就不能认为图 13-14 的观测结果对宇宙大尺度性质的研究会有深远的影响。

§13-5 角大小检验

笔者之一曾经在1958年提出过另外一种检验的办法,以利用射电天文技术来验证非欧几里得几何学在弗里德曼宇宙中的一些预言。这项检验需要观测离开我们非常遥远的射电星系的角大小。

为了理解这项检验的工作原理,让我们再次考虑二维空间中的一个简化例子。想象有一个扁平状的生物在欧几里得平直地面上(比如说在一块很平的地板上)爬行(参见图13-17)。假设这个生物在观测一个线状的物体,比如说位于距离 D 处长度为 l 的一根杆子。这根杆子在观测者位置上的张角有多大?让我们进一步简化这个问题,假设杆子的距离 D 同它的长度 l 相比非常之大(大于100倍),那么,作为一种很好的近似,我们可以认为杆子在观测者位置上的张角 α 由下式给出:

$$\alpha = \frac{l}{D} \text{(弧度)}$$

(乘以 $180/\pi$ 即得到以度表示的角度值)。

因此,随着 D 的增大——这就是说,随着杆子远离观测者,角 α 就减小, α 与 D 成反比关系。这一结果是欧几里得几何学的产物,欧氏几何在平直地面上有效。

现在把这同一个扁平状生物放在一个球面上,假定杆子(它的长度 l 比球半径小得多)再次远离观测者运动,同第一种情况一样,那

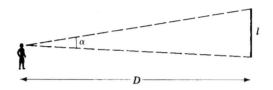

图 13-17 如果 D 比物体的长度 l 大得多，则物体在观测者位置上的张角为 $\alpha \approx l/D$

么现在张角将会怎样随距离而变化呢？

假定这根杆子因发光而被我们看到，我们注意到光线沿直线传播，也就是沿着球面上的大圆弧传播。不失一般性，我们可以把观测者放在北极，而使得杆子在远离观测者时始终保持位于某个纬圈上，同时它的一端又始终位于同一条子午线上，对于后者我们可以取格林尼治子午圈。但是，杆子的另一端并不始终保持在同一条子午线上，在这种情况下角 α 就是通过杆子两端的两条子午线间的交角。请注意，随着杆子向赤道移动过程中纬度的减小，角 α 就减小。就同欧几里得几何学中的情况一样，随着杆子越来越远，杆子张的角度就越变就小。

然而，细心的观测者会注意到，现在这种情况下 α 随距离减小的速率没有欧几里得情况中那么快！事实上，随着杆子向赤道靠拢，α 的减小会越来越慢。在赤道上就不再减小了，然后情况出现反转。换句话说，过了赤道以后 α 开始增大。图 13-18 说明了这种情况。虚线大圆与零子午线的交角要比实线大圆来得大。图 13-19 说明了我们刚才所讨论过的两种情况。

现在让问题回到宇宙学上来，用构成弗里德曼宇宙的四维时空来替代两维空间。这时我们应该用什么东西来代替杆子呢？一种很方便的做法就是用典型河外射电源这种线状结构。如图 13-20 所示，两个射电源的间距约为 200 kpc。因此，在 2 000 Mpc 远的地方，长度 l

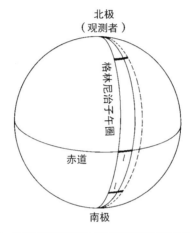

图 13-18　如果观测者位于北极，则杆子在赤道上时它的张角为极小；要是杆子离开赤道向远处运动，张角就变大。这是非欧里得几何学的结果

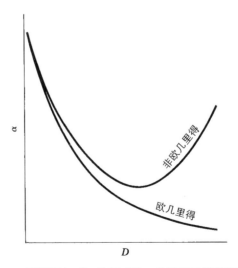

图 13-19　两种情况中 α 随 D 的变化情况：一种是平面上的欧几里得几何学，一种是球面上的非欧几里得几何学

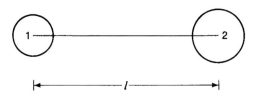

图 13-20 典型的河外双射电源，两子源间的距离是 $l \approx 200$ kpc

（假设与视线相垂直）所张的角约为

$$\alpha \approx \frac{200 \text{ kpc}}{2\,000 \text{ Mpc}} \propto 10^{-4} \text{ 弧度} \approx 20''。$$

当然，这里的前提条件是欧几里得几何学应该成立。但是，在弗里德曼模型中，这种几何学是不成立的。即使在情况 A 中空间截面是欧几里得的，但由于空间截面随时间而膨胀，四维宇宙的时空几何学关系是非欧几里得的。不仅在 B 和 C 这两类模型中，而且在爱因斯坦-德西特模型中角大小也是应该在变化的。图 13-21 中说明了这种变化的具体情况。

请注意，在所有的情况中，我们画的是 α 同射电源红移 z 之间的关系。对于每一种情况，α 在一个确定的 z 值位置上都会有一个极小值。爱因斯坦—德西特模型中的极小值出现于 $z=1.25$ 的地方。对于 B 类模型，极小值出现在 z 值比 1.25 小的位置上；而对于 C 类模型，极小值出现在 $z>1.25$ 的地方。

因此，从原理上说，这个方法对确定 $t=$ 常数时时空截面几何学的类型是一种简单的方法。然而，在实际应用上却存在着若干困难，使得这种检验完全不能做出明确的判断。让我们来对其中的某些方

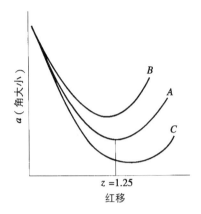

图 13-21　表示射电源角大小和红移间关系的曲线图，这些射电源的线尺度大
小是相同的，但红移量不同。图中分别表示了 A，B，C 三种弗里德曼宇宙的情况。对
于 A 类来说，极小值出现于 $z=1.25$ 的地方

面做一番考察，目的仅仅是使我们自己对各种不确定因素有比较深入的认识。

第一，我们所看到射电源的线状结构并不总是同视线相垂直。因此，我们看到的是实际射电源在横向上的投影；第二，并非所有射电源都有相同大小的线尺度，射电源的线尺度有相当大的变化范围，比方说在 50 kpc 到 500 kpc 之间变化，而前面提到的 200 kpc 仅仅是一个代表性的数字，这两个因素都会造成对图 13-21 的预期曲线有相当大的离散性，其结果是使得我们难以选出一条曲线来作为观测数据的自然（最佳）拟合曲线。

另外一个困难是，如果宇宙并非真正各向同性，而是有着以星系团或超星系团形式出现的物质团块，那么甚至图 13-21 的理论预期结果也会在某种程度上遭到破坏。由于物质分布非均匀性的引力效应会造成光线的散射，于是图中所表示的曲线就要受到修正，具体情况取决于宇宙中所存在的物质非均匀性的范围大小。

最后还有一个测量射电源 z 值的困难。正如在 §13-4 中所提到的那样，要是对射电源的内禀功率不做一些特定的假设，那么就不可能直接从通量密度 S 推算出它的距离。比较可靠的是用图 13-15 的做法：通过证认找到同射电源相对应的光学星系，再从视星等推算出红移，或者更好的办法是直接测出星系的 z 值。这种做法进展甚慢，不可能很快地用于所有 α 值已知的射电源。

在肯定的一面我们可以补充的是，射电望远镜灵敏度的改进使得角大小 α 的直接测定已成为一项很容易做的工作，而且精度也很高。自 1958 年以来，到目前已从世界各地不同的射电望远镜取得了有关 α 的大量观测资料。埃克斯（R.Ekers）于 1975 年给出了第一批大范围研究结果，数量更大的一批观测资料来自位于南印度乌塔卡蒙的射电天文台。由于那里纬度低，接收面积大，望远镜（参见图 13-22）就很适合于通过月掩射电源的方法来测量源的角大小。

角大小检验也未取得明确的结果

埃克斯以及乌蒂的射电天文学家斯沃拉帕（G.Swarup）和卡帕希（V.Kapahi）通过对观测资料的首次分析得出了这样的结论：角大小一直在减小，并不像图 13-21 那样表现出有一个极小值。我们应该如何来解释这一结果呢？我们是否应该抛弃弗里德曼模型、选取某种欧几里得几何学关系以便能给出这样一种 α 连续减小的结果呢？和射电源计数时的情况一样，这种看法也许是合理的。但是正如在射电源计数中的情况那样，天文学家所乐意采用的解释机制是引入演化宇宙的概念，他们认为射电源的实际尺度在过去要比现在来得小。于是，我们又一次看到一种意想不到的补偿机制在发挥作用：按图 13-21 弗里德曼模型曲线的预言，红移大的时候 α 的数值会转而增大，但是过去时候射电源的线尺度比较小，α 增大的趋势就被抵消掉了。由于观测数据的离散性，最合理的办法也许是在有可能取得更为可靠的射电源标距参量之时重做这项检验。

图 13-22　位于南印度乌塔卡蒙地方的射电望远镜，它是由排成一直线的抛物面天线阵构成的

§13-6　早期宇宙

这一章到现在为止所提出的三种检验方法都难以很明确地告诉我们应该采用什么样的宇宙模型。如果认为类星体的红移起因于宇宙膨胀，那么这些检验对宇宙过去历史探测的距离范围相当于红移 $z \sim 1$ 或更大，最大到 $z \sim 3$。

举例来说,为了观察红移怎样同过去时间相联系,我们来考虑下面的情况。假设遥远地方一个星系在时间 t_e 发出一束光波,现在到达我们这里的时间是 t_p,这束光波的红移会是多少呢?弗里德曼模型中所用的是非欧几里得几何学,同这一模型中的光线传播有关的一项简单计算给出了这样的公式:

$$1 + z = \frac{Q(t_p)}{Q(t_e)} \text{。}$$

在膨胀宇宙中,函数 $Q(t)$ 随时间而增大,这样就有 $Q(tp) > Q(t_e)$。因此,红移总是正的。

现在来考虑爱因斯坦−德西特模型,在这一模型中,上述公式变为

$$1 + z = \frac{t_p^{2/3}}{t_e^{2/3}} \text{。}$$

如果取 $z=1.25$ 为例,这时我们得到 $t_e = \frac{8}{27} t_p$,这意味着当我们观测一个红移为 1.25 的星系时,我们所看到的是宇宙只有目前年龄的 8/27 时的星系。从现在起我们经常要用红移来辨认过去的时间。

迄今谈到的那些检验工作,总是试图找出宇宙在它现有年龄内的各段时间上所发生的变化。对于一个演化宇宙来说,它的组成部分的物理性质(例如星系的光度、射电源的密度、射电源的大小等)在这些时间段内应该会发生显著的变化。

如果把时间段往回推到更为遥远的过去,我们是否会看到宇宙

在状态上有着很大的不同呢？自然，弗里德曼模型让我们对这一问题的回答是肯定的。如果让 t 减小，向零趋近，$Q(t) \to 0$，那么我们会到达大爆炸瞬间 —— 人们认为宇宙是在这一原始爆炸发生时出世的。我们今天所看到的物质形式有星系、类星体、射电源等，在早期时代所有这些物质统统都紧密地集聚在一块。大爆炸一定发生在大约 $1/H$ 这么长一段时间之前（参见图 13-23）。

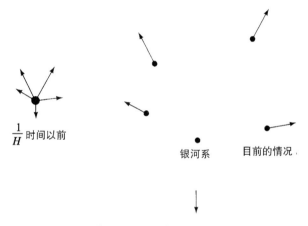

$\dfrac{1}{H}$ 时间以前

银河系　　　目前的情况

图 13-23　如果邻近的星系始终以目前的速度在运动并互相分离开去，那么倒过来看，$1/H$ 便是把所有这些星系汇聚到一起所需的时间长度

重要的问题是要取得有关宇宙最早期阶段的观测资料

目前为止所评述过的那些检验并没有把我们带回到非常遥远的过去。因此，我们也许会问：是否存在着其他一些观测上的迹象可以告诉我们有关极早阶段宇宙的情况呢？为了回答这个问题，我们首先要把弗里德曼模型在时间上往回推。

让我们先来观察尘埃模型并提出这样的问题：过去的物质密度会像是什么样呢？假设现在的物质密度是 ρ_p，则在体积为 V 的一个盒子中所包含的物质数量为 $V\rho_p$。那么，在过去这个盒子有相同的形状，但是尺寸要比现在来得小，原因是宇宙已经历了膨胀。事实上，随着空间的扩张，盒子的线度在变化，这种变化同膨胀因子 $Q(t)$ 成正比。因此，对于某个较早的时间 t_1 来说，盒子的体积为

$$V\left[\frac{Q(t_1)}{Q(t_p)}\right]^3 。$$

如果在 t_1 到 t_p 这段时间内，盒子仅仅是在膨胀，而没有任何物质通过盒子表面进入或离开盒子，那么我们知道 t_1 时间的密度 ρ_1 由方程

$$\rho_1 \times V\left[\frac{Q(t_1)}{Q(t_p)}\right]^3 = V\rho_p$$

给出。这个关系式很简单地说明了过去的密度比较高，高出的倍数等于目前的膨胀因子同过去膨胀因子之比的立方。或者换一种方式来表示的话，如果现在看到 t_1 时间的红移为 z_1，那么

$$\rho_1 = \rho_p (1+z_1)^3 。$$

在宇宙膨胀过程中电磁辐射的密度又会怎样呢？迄今为止我们没有考虑辐射对模型动力学状态的影响，这是因为就目前来说辐射的能量密度 u 对宇宙膨胀速率的影响是可以忽略不计的。这种情况用数学式子表示就是

$$u_p \ll \rho_p c^2 ,$$

其中，c 为光速。但是，我们仍然可以问：过去的辐射密度同现在相比又大了多少呢？经推导答案是 [1]

$$u_1 = u_p (1 + z_1)^4 ,$$

这就是说，在红移为 z_1 的那个时间，辐射密度 u_1 是现在密度值的 $(1 + z_1)^4$ 倍。

我们现在碰到了一种奇妙的情况，这可以从图 13-24 充分地反映出来。在图 13-24 中，我们用对数标度画出了物质和辐射密度的变化特性。物质线的斜率是 3，而辐射线的斜率是 4，因此，尽管在现在来看，前者的位置比后者来得高（$\rho_p c^2 > u_p$）。但是，随着过去的时间越来越往回推，后者便在两条直线的交点处赶上前者。我们在图上指出了这一点的红移为 z_c。方程式

$$Q(t_c)(1 + z_c) = Q(t_p)$$

给出了与这个临界红移相应的临界过去时间 t_c。

作为一个例子，在爱因斯坦–德西特模型中我们有

---

1. 辐射同 $(1+z)^4$ 有关，物质同 $(1+z)^3$ 有关，这两者之间的差异是由于辐射要受到红移效应的影响，结果便在辐射能量密度的式子中多一个因子 $(1+z)$。

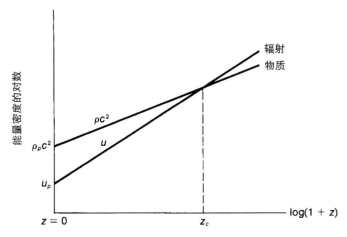

图 13-24 对于比红移 z_c 所表示的时间更早的那些时间来说，辐射密度大于物质的能量密度

$$u_1 = u_p \left(\frac{t_p}{t_1} \right)^{8/3}, \quad c^2 \rho_1 = c^2 \rho_p \left(\frac{t_p}{t_1} \right)^2$$

当 $t_1 = t_c$ 时，$u_1 = \rho_1 c^2$，这样我们就有

$$t_c = t_p \left(\frac{u_p}{c^2 \rho_p} \right)^{3/2}。$$

　　于是我们发现，尽管根据今天的观测资料略去辐射效应的做法是合理的，但是在弗里德曼宇宙的极早期阶段中不考虑辐射效应就不合理了。相反，在极早期阶段我们应该把优先考虑的对象倒过来，应该把辐射看得比物质更为重要。时间 t_c 是转变时间，它把以辐射为主的早期宇宙和以物质为主的晚期宇宙区分开来。当然，这种转变不会是瞬即发生的。估计当两者所贡献的能量比较接近的时候，即在 $t=t_0$ 的前后应当会存在一个灰色区域。根据观测确定的 u_p 和 ρ_p，这个时期前后的红移应当在 1300 左右。

正如我们在第 3 章中所看到的那样，每一种黑体辐射分布都有相对应的一种温度。在下一节中我们将更多地用温度而不是用红移来表示早期阶段中的时间。然而，我们是否有充分的理由相信辐射应该具有黑体辐射的形式呢？后面还要回到这个问题上来，而现在我们假设回答是肯定的。根据这个假设，我们记得每单位体积内的辐射能随温度的四次方变化（参见第 3 章）。由此我们得到一个简单的关系式

$$T_1 = T_p (1 + z_1)。$$

这就是说，过去的辐射温度是现在温度值的（$1 + z_1$）倍。向着大爆炸接近时，$Q(t_1) \to 0$，以及 $z_1 \to \infty$。因此，温度越变越高，在接近大爆炸的时间温度变为无穷大，由此我们得出了热大爆炸的概念。

§13-7　热大爆炸

迄今为止我们是在时间上向着大爆炸倒退来看问题的。现在我们把这个过程反过来，从大爆炸（热大爆炸）开始来探索早期高温状态对后来宇宙变化特性的影响。

我们先来讨论上面遗留下来的问题 —— 膨胀早期阶段中的辐射是否是一种黑体特征的辐射。正如我们在第 3 章中所看到的那样，如果辐射和吸收系统是在一个封闭区域内起作用，其方式是辐射不能离开这个封闭区，那么就出现黑体辐射。这就是说，光子（辐射的载体）

走不了多远就一定会被物质所散射或吸收。那么对早期宇宙来说，也就是对大爆炸之后不久的情况来说，估计物质并不集中在星系或其他离散分布的团块中。说得更恰当一点，我们估计物质的分布是以它的基本形式出现的，可以看作是一个由自由粒子组成的系统，其中有电子、质子、中子等。所有这些粒子都会同原始辐射发生作用，这种作用可以是散射、吸收或者重新发射。于是，系统很快表现为黑体形式。

到这一步，我们要从对主要问题的讨论中转过来考虑一下所谓物质粒子的随机运动。根据我们已经提到过的韦尔假设，以星系形式存在的物质的随机运动是可以忽略不计的。少量变化无常的运动会使图 13-22 中的图像发生某些变动而成为图 13-25 中所表示的形式。图中星系世界线出现的扭曲对应着少量的运动。计算表明，随着宇宙的膨胀，随机运动会趋于消失。反过来，如果我们在时间上往回看，那么宇宙中物质的随机运动必然增大。由于随机运动会产生压力，因此

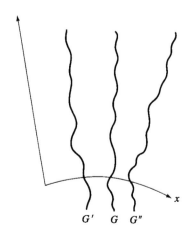

图 13-25　星系世界线的扭曲对应着少量的随机运动

尽管就现在时间来说物质的压力可以忽略不计，但在过去它是必须要加以考虑的。所以，在这么高的压力面前，像星系这样的大块结构看来是不大可能存在的。的确，比较可能出现的情况是物质以高速运动粒子的形式存在，而且有着大范围的随机运动。随机运动速度非常大（接近光速）的基本粒子应当更像是辐射而不是尘埃。

因此，在宇宙的早期阶段存在着一种辐射（光子）的炽热强风，电子、质子、中子等 —— 所有这些粒子都处于热平衡状态之中。这股强风中也包含有粒子-反粒子对，如电子-正电子、中微子-反中微子，等等。在大爆炸后大约 1 秒钟的时候，这种粒子混合体的总体温度高达 10^{10} K。让我们从某个比这更早的阶段（比如说年龄只有 0.01 秒时）开始来追踪宇宙的演变情况。

在那个阶段，宇宙的温度约为 10^{11} K。炽热强风中包含了所有刚才提到的粒子，甚至中微子也陷入热平衡状态。通常情况下中微子几乎根本不可能同物质发生作用，它们可以畅通无阻地穿过几光年厚的铅物质。然而，在早期宇宙中物质密度之高足以把中微子拘束在宇宙的特征尺度之内[1]。混合体内的主要成分是轻粒子，每 10 亿个光子、电子或中微子中大约有一个质子或中子。由于电子和中微子的优势地位，产生了快速 β 衰变和逆 β 衰变反应，例如：

$$\bar{v} + p \rightleftharpoons e^+ + n$$

---

1. 宇宙特征尺度的典型量度为 c/H，这里 H 是那个时间的哈勃常数数值。对于早期宇宙这一尺度为 $\sim \frac{1}{2}ct$，其中 t 是宇宙的年龄。

和

$$v + n \rightleftharpoons e + p \text{ 。}$$

因此，中子不断地变为质子，质子也不断地变为中子，而且这种变换出现的速度极快，从而使中子和质子的数目大致相同。

　　温度随着时间的推移而降低，在这一过程中，中子和质子在质量上的少量差异变得越来越重要。质子的质量比较小，从而使质子有较高的丰度。结果，当温度下降到 $\sim 3 \times 10^{10}$ K（这时宇宙的年龄为 ~ 0.1 秒）时，中子–质子之比变为 0.61，而在 10^{11} K 时这一比值接近于 1.0。

　　大约过了 1 秒钟之后，温度已下降到 10^{10} K，宇宙的密度也减少了，这时中微子就不可能再安居于热平衡状态之中。电子–正电子对也开始通过相互湮没反应而消失（温度更高时湮没速率大体上为这些粒子的产生率所抵消）。中子–质子比进一步降低到 0.32。但是，中子和质子的温度仍然太高，它们的能量很大，核力还不能把它们束缚在一起。

　　当温度进一步降低到 3×10^{9} K 时（大爆炸后 ~ 13.8 秒），质子和中子就可以形成像氦（^{4}He）那样的稳定原子核。稳定核的形成是通过形成氘（重氢）这一中间阶段而出现的，这一重要图像的部分内容首先由伽莫夫（G.Camow）在 20 世纪 40 年代后期提出。伽莫夫认为，热大爆炸及爆炸后早期宇宙的环境条件应当适合于合成今天我们所看到的各种不同的元素。从氢（p）开始，然后是氘（p，n）、氦（2p，

2n），根据这个思想应当会继续形成较重的原子核。然而，这个过程是不可能很快进行的，因为不存在有 5 个或 8 个核粒子的稳定核。后来随着恒星天体物理的发展，人们开始清楚地认识到，对于合成较重的元素来说，恒星所提供的条件要好得多。尽管如此，伽莫夫宇宙学图像中氦和氘的形成仍然是很有意义的，我们在 §13-9 中将会看到这一点。

随着时间的推移，宇宙的温度跌到~3×10^8 K（大爆炸之后大约 35 分钟），核过程停止了，氦和自由质子的质量之比大致保持在 22%~28% 这个范围内。现在，每个质子，无论是以氢形式出现的自由质子，或者是以氦形式出现的受束缚的质子，都对应着有一个电子。但是，宇宙的温度仍然太高，还不能结合起来形成不带电的中性原子。

自由电子是阻碍辐射的主要因素。因此，宇宙仍然是不透明的，这一状态一直保持到辐射温度跌到~3000 K 时为止。一旦到了这个阶段，质子中的化学结合作用已足以使绝大部分电子约束在中性原子之中。随着原始强风中自由电子的消失，辐射就可以作长距离的传播。这就是说，宇宙在光学上开始变得透明了。非常巧的是这一温度出现的时间恰好很接近我们前面提到过的时间 t_c —— 宇宙就是在这个时间从辐射为主的状态转变为物质为主的状态。

表 13-1 总结了目前为止我们所讨论过的有关早期宇宙的一些基本特征，我们现在要来考虑对这幅早期宇宙图像有可能进行的观测检验。

表 13-1　　　　　　　　　　　　早期宇宙的重要发展阶段

年龄	温度	物质状态	备　　注
10^{-1} 秒	10^{11} K	处于热平衡状态中的 n, p, e^-, e^+, ν, $\bar{\nu}$	$[n]:[p]=50:50$
10^{-1} 秒	3×10^{10} K	同上	$[n]:[p]=38:62$
1 秒	10^{10} K	处于热平衡状态中的 n, p, e^-, e^+ 以及光子	$[n]:[p]=38:62$
13.8 秒	3×10^9 K	氘核和氦核开始形成	$e^- - e^+$ 对消失
35 分	3×10^8 K	e, p 和 He^4, D	^4He 和 H 的质量之比保持不变, $^4He/H \sim 22 - 28\%$
3×10^5 年	3×10^3 K	中性原子开始形成	宇宙从以辐射为主的状态转变为以物质为主的状态, 现在宇宙对辐射来说是透明的

§13-8　微波背景辐射

在 §13-6 和 §13-7 两节中, 我们看到了辐射作用在宇宙早期历史中会具有多大的重要性。前面我们在追踪早期宇宙的发展情况时, 只谈到温度跌到~3000 K 的阶段, 物质为主的状态就是在这个时候接任的。往后又发生了什么情况呢? 前面已经说到, 以后阶段辐射的作用就变得不那么重要了。辐射不再对宇宙的膨胀速率产生显著的影响。根据 §13-6 中所得到的规律, 辐射仅仅是冷却下去。由此可见, 即使在今天也应该到处都有某种程度的辐射 (哪怕温度非常之低) 存在。又因为宇宙的膨胀过程不会影响谱的黑体性质, 这种残余辐射应该仍然具有黑体的特性。

在图 13-26 中，我们就不同的特征温度画出了几条典型的黑体曲线。请注意，出现峰值强度的波长随温度的不同而改变。对于观测者来说，重要的是要知道今天宇宙辐射预期会有什么样的温度。知道了这一点，观测者就能够在适当的波长位置上来搜索峰值强度。

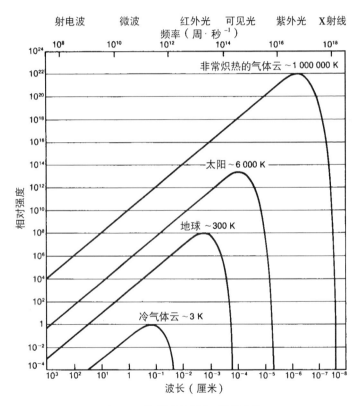

图 13-26　用对数标度画出的一些黑体曲线

我们已经提到过伽莫夫在有关早期宇宙核合成方面所做的先驱性工作。尽管伽莫夫与他的两位同事阿尔发（R. A. Alpher）和赫尔曼（R. Herman）做的计算在今天所能取得的全部细节上并非完全正确，但他们通过这项计算预言了目前时间的宇宙背景温度在 5K 左右。从图 13-26 我们看到，这种情况下的峰值强度应当位于微波区。

尽管在 1948 年做出了这一推测性的预言，但并没有马上着手对这种辐射背景进行探索，部分原因在于当时人们并没有很认真地接受有关辐射背景的观念，特别是因为它没有能做到合成所有的元素。20 世纪 50 年代，从宇宙学的核合成转移到了恒星的核合成，这方面工作做得最好的有杰弗里（Geoffrey）和伯比奇（M.Burbidge）、福勒以及霍伊尔，而伽莫夫在辐射背景方面的原始图像很少有人问津。只是到了 1964 年，有关宇宙学核合成的计算才又重新开始，进行这方面工作的有英国的霍伊尔和泰勒（R.Tayler），美国的皮布尔斯（P.J.E.Peebles），以及俄国的柴尔多维奇（Y.B.Zeldovich）。然而，这些理论工作尽管澄清了伽莫夫理论中的许多问题，但并没有确认宇宙背景辐射的存在。这种背景辐射的发现完全出于偶然的机遇。两位发现者，彭齐阿斯和威尔逊，是在寻找别的东西时偶尔碰上它的。

贝尔电话实验室的彭齐阿斯和威尔逊于 1964 年开始对来自银道面射电流的强度进行一系列的测量。为了完成这项任务，他们使用了装有 20 英尺低噪声喇叭形反射器的天线，这台天线原来是为通过回声号卫星进行通信而建造的。在测量过程中，彭奇阿斯和威尔逊所用的微波波长为 7.35 cm，因为预期在这个波长上来自银河的噪声可以忽略不计。但是，他们惊讶地发现，存在着一种各向同性（就是说不随方向而变）的残余噪声。正因为各向同性，就不可能把这种噪声同某个近距辐射源 —— 如银河系中心或我们的邻近星系 M31（仙女星云）—— 联系起来。

经过几个月的仔细搜索，噪声仍然继续存在，到 1965 年初，彭齐阿斯和威尔逊就可以把它归因于一种 3.5K [1] 的纯理论温度。但是他们不可能对这一噪声做出解释，因为他们当时还不知道我们现在一直在讨论的宇宙学理论。有关这一发现的新闻传到了普林斯顿，皮布尔斯马上领悟到它的重要意义。他本人的理论工作已经让他产生了关于宇宙残余辐射的观念。他和他的一位年长的同事，普林斯顿的物理学家迪克（R.H.Dicke）因彭齐阿斯和威尔逊的发现而大为振奋。迪克本人也已开始了一项实验来测量这种辐射，同他一起工作的有他的同事，实验家罗尔（P.G.Roll）和威尔金森（D.T.Wilkinson）。

彭齐阿斯和威尔逊本人在《天体物理学杂志》上所发表的文章是非常谨慎的，这篇文章的标题是 "在 4080 兆赫频率上对天线过热温度的一次测量"。他们只是报道了他们的实验装置，以及在得到这种未知原因噪声的过程中所采取的一些预防性措施。这篇文章问世之后，皮布尔斯、迪克、罗尔和威尔金森等人发表了一篇配合的文章，从宇宙学角度对彭齐阿斯和威尔逊的剩余微波辐射做了解释。

嗣后不久，罗尔和威尔金森宣布了他们在 3.2 cm 波长上工作的结果。他们也发现了一种剩余辐射温度，大小变化在 2.5K 到 3.5K 之间。从那时候起，射电天文学家们在大约十多种波长（范围从 0.33 cm 到 73.5 cm）上测得了这种残余辐射。图 13-27 展示了实验数据点以及通过这些点子的理论黑体曲线。同这些观测点相应的最优黑体温度为 2.7K。来自伯克莱的伍迪（D.P.Woody）和理查兹

---

1. 这个结果的误差棒为 ±1K。

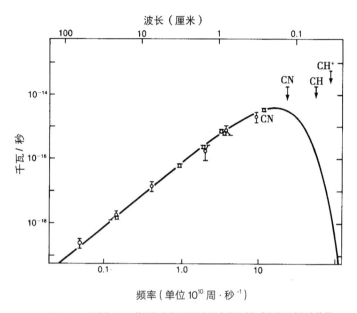

图 13-27 温度为 2.7K 的黑体曲线同观测点拟合得很密切（左边所注标度的单位是 kW·s，曲线说明了 $1/\pi km^2$ 面积上所接收到的功率，以 kW 为单位）。标上 CN，CH，CH^+ 的点和箭头给出的是根据这些化学系统中分子跃迁所做的间接测量的结果

（P.L.Richards）最近所做的工作又把曲线延长到短波端。尽管伯克莱的观测资料同黑体曲线之间在总体上一致，但是精细尺度上的分析仍然表现出有不一致的地方。

对我们在本章中所讨论的那种宇宙图像（热大爆炸宇宙）来说，图 13-27 的曲线也许是最强有力的证据。如果我们相信这种图像，那么黑体曲线所告诉我们的有关宇宙的状态至少可以早到宇宙刚开始变为光学上透明的那个阶段，也就是说回推到红移 $z \cong 1\,000$ 的阶段。在这个意义上说，我们从残余辐射出发对宇宙历史所作的回顾，要比 §13-3，§13-4 和 §13-5 这三节中谈到的其他几种检验要远得多。

热大爆炸是否算是对宇宙微波背景的唯一可能解释呢？目前为止还没有任何其他能站得住脚的理论，不过就目前来说完全不能排除其他可能性的存在。微波天文学仍然处于它的摇篮时代，因而我们不能认为再没有别的天体物理过程会产生出微波辐射。还有，图13-27中极大辐射强度右边向下折的那一段对于确定曲线的黑体特征是不可缺少的，它还需要得到充分的证实。

§13-9 氦和氘的原始丰度问题

我们现在能够把宇宙学的发展情况同前面提到过的一个重要问题联系起来，这就是有关元素氦的起源问题。在银河系内，只有一类恒星的表面层中看来基本上没有氦存在，除此以外在所有的天体中都发现有氦（在这类例外的恒星中，氦很可能被重力所分解，因此它们可能同宇宙中氦无处不存在的问题没有关系）。在邻近星系中也发现有氦。氦的丰度看来在任何地方都大致相同，宇宙物质中约有25%的质量是由氦组成的。如果我们完全确信所有的地方氦丰度都近乎相同，或者哪怕我们可以肯定氦丰度决不会低到某个具体数值（比如说20%）以下，那么这种情况必然会让我们猜想大部分观测到的氦并不是通过第8章所讨论的在恒星中产生出来的。但是，在观测结果中不可避免地存在着某种不明确的地方，因为氦是一种难以对付的元素，从本质上说这是因为氦的一些最强的量子跃迁所发出的辐射频率位于远紫外区，而这些频率的辐射是穿不过地球大气层的。因此，有关氦丰度的所有测量结果都会有某种程度的不确定性。我们说氦所占的那部分质量在任何地方都大约是25%，但在有些地方这个数值可能是30%～35%，而在另外一些地方可能是15%～20%，这并不违反我们说的事实。因此，我们不能肯定存在着一个标准宇宙氦丰度值，而在天文学文献中有时候却正是这样断言的。除了很近的一些星系外，对于其他星系中的氦丰度我们也没有太多的了解。

用恒星中的一些过程来解释 25% 这样高的氦丰度有着定量上的困难，这便是人们猜想大部分氦产生于宇宙发展史初期的主要理由。如果有 25% 这么多的氢转化为氦，又如果由此而产生的能量以可见光形式从星系中释放出来，那么星系应当要比它们所观测到的样子明亮得多。毫无疑问，这是一条很有说服力的理由，它吸引着人们为星系中所观测到的大部分氦去寻求原始的起因。因此，让我们来讨论一下氦的原始起因问题，讨论中假定早期存在的是我们熟悉的那种粒子。

与形成氦有关的粒子是中子和质子。中子是不稳定的，在实验室条件下通过式 $n \rightarrow p+e+\bar{\nu}_e$ 发生衰变，特征时间约为 10 分钟。然而，在宇宙早期阶段中温度和物质密度都很高，中子和质子结合在一起 ($n+p \rightarrow D$) 的可能性也就相当高。由此而形成的氘大多数通过 $D+n \rightarrow T$ 和 $D+p \rightarrow {}^3He$ 这两个过程转变为氚（T）和 ${}^3He$。然后，再通过对 ${}^3He$ 补充中子以及对 T 补充质子而形成 ${}^4He$。在爱因斯坦-德西特模型中，可以证明结果所产生的氦大约等于原始物质质量的 28%。

还有几种轻核是在地球、太阳和陨星上发现的，它们的浓度之高根本不可能用恒星内的合成过程来加以解释。

表 13-2 中给出了这些核以及它们的质量比例。恒星外部或者恒星表面同高速粒子有关的一些过程可以用来解释这类核的起源，而是

否可以用这种过程来解释这些核的质量比例仍然是一个有争议的问题，尤其对氘来说更是如此。由于氘的质量比例比较高，因而通过这条途径来解释就要比 ^{3}He，^{6}Li 以及 ^{7}Li 更为困难。所以，D 可能也是由原始合成过程诞生的。

表 13-2 不可能在恒星内部合成的一些轻核

原子核	质量比例
D	~ 2×10^{-4}
^{3}He	~ 6×10^{-5}
^{6}Li	~ 10^{-9}
^{7}Li	~ 10^{-8}

§13-10 宇宙的年龄

现在让我们回到哈勃定律上来。我们是否可以把目前所观测到的哈勃常数值与目前宇宙的年龄联系起来呢？有一个简单公式就是用来对付这件事的。我们可以用 $\dot{Q}(t)$ 来表示标度因子 Q 随时间的变化率。因此，目前的哈勃常数由下式给出

$$H = \left. \frac{\dot{Q}}{Q} \right|_{t=t_p} 。$$

这就是说，我们必须求得 $t=t_p$ 时等式右边的比值。因此，如果我们知道了 $Q(t)$，那么就可以根据 t_p 求得 H，或者反过来，根据 H 求得 t_p。

对于爱因斯坦-德西特模型，$Q(t) \propto t^{2/3}$，由此得出

$$\frac{\dot{Q}(t)}{Q(t)} = \frac{2}{3t} ,$$

这就是说，

$$H = \frac{2}{3t_p} , \quad t_p = \frac{2}{3} H^{-1} 。$$

如果取 H=75 *km/Mpc/s*，我们得到 $t_p \approx 9 \times 10^9$ 年。

    如果用 B 类模型，我们会发现年龄比这个值来得小，而如果用 C 类模型，年龄就比这个值大，但是不会大于 $H^{-1} \approx 1.33 \times 10^{10}$ 年。因此，如果天文学家发现宇宙中有一些天体比 H^{-1} 来得老，那么问题就严重了。就目前来说，对恒星和星系天体物理年龄的估计还不够精确，不可能很精确地来检验这一预言。比如说，我们银河系的年龄在 $10^{10} \sim 1.5 \times 10^{10}$ 年，这个数值范围已开始难以为爱因斯坦–德西特模型或 B 类模型所接受，但是在 C 类模型中还是可以对付的。如果有一些星系比我们银河系的年龄更大，那么问题就更麻烦了！

§13-11 再论奥伯斯佯谬

    让我们来看一下膨胀宇宙会对奥伯斯的计算做出怎样的修正。在红移现象中包含有奥伯斯没有考虑到的一种极为重要的信息。

    举例来说，假定有一个遥远的星系在每秒钟内发出的光量为 L。光量子在到达我们这里时发生了红移。因此，在辐射源那里频率为 v、能量为 hv 的一个量子，到达接收者这里时的能量为

$$\frac{h\nu}{1+z} 。$$

而且，时间尺度也会受到影响（参见第 11 章）。因此，如果在辐射源那里发射这个量子所经历的时间为 Δ，那么到接收者这里时这段时间被拉长为

$$\Delta \cdot (1+z) 。$$

结果，接收者这里在每秒钟内每单位面积上所接收到的光量就不再是奥伯斯所计算的数值

$$f = \frac{L}{4\pi D^2} ,$$

而是

$$f = \frac{L}{4\pi D^2 (1+z)^2} ,$$

这就是第 12 章最后部分所引用的结果。

因此，对于很远地方的壳层来说，由于红移很大，它们对光量所做的贡献要比奥伯斯的估计数少得多。当我们把直到无穷远处全部壳层对光量的贡献都加在一起时，所得到的答案只是一个不大的量，由此说明天空实际上是暗的。我们可以说天空在夜间之所以暗的原因正是由于宇宙膨胀！

第 14 章
惯性和宇宙学

§14-1　引言

　　我们在第 13 章最后部分达到的知识境界，代表了大部分天文学家对有关宇宙起源和结构问题所持有的普遍性观点，这一图像有着许多值得褒美的特点。以爱因斯坦引力定律为基础的这些最简单的模型，表现出我们所观测到的宇宙膨胀，也解释了哈勃定律。而且，这种宇宙学理论并非纯属推测之见。它已经激励着人们在光学天文和射电天文领域内进行了许多很有意义的观测检验。宇宙学家们总想把现已知道的物理定律，外推式地应用到大爆炸以后的早期阶段中所具有的极端条件，他们在这方面所寄托的信念已经取得了丰硕的成果，那就是对于微波背景辐射以及氦和氘观测丰度的起源问题有了某种理解。

　　可是，由这些成功而来的是有点自鸣得意的情绪，我们感到这种情绪对宇宙学的进一步发展是有害的。人们已经产生了一种印象，即认为热大爆炸图像大体上是正确的，而现在我们所必须做的全部事情只不过是补充一些细节而已。这种思想状况在许多方面有所表现。研究宇宙学的任何非标准途径都被认为是异端邪说，任何观测资料要是不能同标准图像相一致的话就会对它产生怀疑，这样一种认识状态所带来的结果就是忽视了标准图像的真正困难之所在。

我们认为，由大爆炸瞬间 $t=0$ 所引起的困难是不容回避的。为什么整个宇宙偏偏就是在过去某个时间 $t=0$ 时一下子创生出来的呢？为什么我们就不能把宇宙的历史延伸到大爆炸之前呢？既然有很多种其他的可能性存在，为什么原始爆炸偏偏会产生出一个均匀各向同性的宇宙呢？在早期阶段中，宇宙各部分之间的交流范围是非常窄的，那么微波背景又怎样会变得像今天的观测资料所表明的那么均匀呢？

请注意，根据相对论，大爆炸（$t=0$）瞬间的几何图像是奇异的，它的性质同第 11 章中所讨论过的引力坍缩问题中出现的时空奇点差不多一样。由于物理定律在这类奇点处失效，宇宙学家们根本不可能对上面提出的大部分问题做出回答。我们不得不满足于这样的一种说法：所有这一切全是由初始条件决定的。戈尔特曾经说："宇宙之所以有今天，正是因为有它的过去"，而前述说法也只不过是戈尔特论点的另一种表示而已。

在附录 A 中我们对稳恒态理论做了介绍，这种理论试图撇开奇点，同时把物质创生引入物理学的范围之中。但是，目前来说，这一理论看来无法对观测到的微波背景做出解释，因而它在现在还是令人怀疑的。

这一章内我们要对研究这些问题的另一条途径加以简要的介绍，这条途径将从不同的角度来观察标准大爆炸图像，并且由此可以得出一种理论，而它的前景则要比广义相对论更为宽广。它的另一个优点是同时应用了马赫原理 —— 这条原理力图把物质的惯性同宇宙的大尺度结构联系起来。下面的叙述就从对这一原理的讨论开始。

§14-2　马赫原理

让我们回到第 10 章，从批评的角度来对牛顿运动定律做一番观察。这几条定律中所出现的量有 3 个，分别是速度、加速度以及力。那么，我们应该怎样来测定这些量以证实运动定律的正确性呢？

首先，我们注意到，对速度或加速度的测定必然是相对的。考虑下面这种说法：一辆汽车正以每小时 55 英里的速度向北行驶。很明显，这里对速度的测定是指相对地球表面而言的。事实上地球在绕轴自转，同时围绕着太阳运动，而太阳又参与银河系的旋转运动；如果我们考虑到这一点，那么可以认为汽车也参与银河系的运动，速度要大得多，方向也完全不同了。因为对那种情况来说，我们应当采用位于银河系中心的一种无转动静止参考坐标系 —— 相对于可以观测到的最远星系没有旋转运动。

同样情况也适用于加速度。举例来说，在绳上绑一个石块，并使之旋转而做圆周运动。我们把图 10-2 重画于图 14-1，这里是从圆心（绳子的另一端）为静止时的参考系来观察石块。另一方面，在图 14-2 中则是石块静止不动，原来的圆心在一个圆周上绕石块运动。

很明显，在开始应用牛顿定律之前，我们必须决定为了测量速度

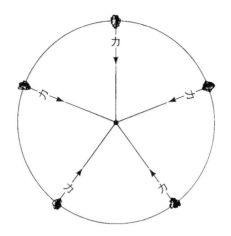

图 14-1　为了使石块在一个圆周上保持做旋转运动，必须要有一个力加在石块上，这个力必须始终朝向圆周的中心

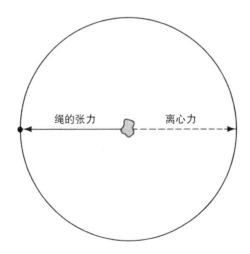

图 14-2　在石块参考系中，石块的加速度为零。因此，我们一定要引进一个与绳子的张力大小相等方向相反的力。图中这个离心力用虚线来表示

和加速度应该采用什么样的参考系。就石块的例子来说,在第一种参考系中我们认为绳子的张力提供了使石块获得加速度的力。如果 m 是石块的质量,v 是石块在圆周上不变的运动速率,r 是圆半径,而 T 是绳子的张力,则我们以下面的形式写出运动学第二定律

$$质量 \times 加速度 = 力,$$

由此得出

$$m \times \frac{v^2}{r} = T。$$

到现在为止一切正常。在第二种参考系中情况又怎样呢?石块静止不动,没有受到加速作用。因此,上述方程左端为零。

但右端显然不为零,那么什么地方出了点毛病呢?作用在石块上的力仍然指向圆心,它是由 T 来给出的。既然再没有任何其他的力存在,我们又怎样才能使右端同左端相等呢?

因此,看来运动第二定律并不适用于所有的参考系。牛顿认识到这一问题,经过反复思考之后他提出了绝对空间的假设。

在绝对空间中牛顿选出了唯一的一种参考系,他的运动定律在这种参考系中完全成立。要是有一个参考系相对于绝对空间做加速运动,那么在这种参考系中我们就会遇到在石块例子的第二种参考系中所看到的那一类困难。为了解决这类非绝对情况中的困难,我们采用牛

顿所给出的规定，即引进一个表观力以使运动方程成立。在有关石块的例子中，我们必须引进一个力 $-T$，这就是说，引进一个与 T 大小相等而方向相反（朝外）的力。这个表观力通常叫作离心力。之所以称为表观力，是因为这个力实际上是没有来源的；为了在非绝对参考系中使帐面取得平衡，我们不得不引进这一个力。根据牛顿的做法，石块例子中的绝对参考系就是图 14-1 中的参考系。

这一类表观力称为惯性力，因为它们同所考虑的系统的惯性成比例。在石块的例子中，离心力的大小为 mv^2/r，它同石块的质量成正比。请注意，只是对那些相对于绝对空间做加速运动的参考系才出现表观力。对于一个相对绝对空间做匀速运动的参考系来说，没有必要引进任何的惯性力。做匀速运动的参考系称为惯性参考系。我们在第 10 章中已经见到过这种参考系。因此，我们可以把牛顿定律的适用范围从绝对空间扩大到所有的惯性参考系。（相对于绝对空间）做加速运动的参考系称为非惯性参考系。

尽管牛顿的绝对空间仍然是一种抽象的概念，但是在 19 世纪中奥地利的哲学家兼科学家马赫（E.Mach，图 14-3）就已注意到了天文学上的一个重要现象，它同牛顿的概念是相一致的，这种一致性好像使牛顿的概念取得了坚实可靠的地位。假定我们想要测定地球相对于绝对空间的自转运动。为了做这样的测定，在实验室实验中必然要用到固定在地球表面上的一个参考系，所以我们首先必须考虑因这种实验条件会引起什么样的表观惯性力。尽管离心力是地球自转引起的，但这种力相当小，这是因为地球自转的角速度（24 小时转一周）是很小的。图 14-4 中所画的是一个单摆（一端固定的绳子悬挂着的一个

图 14-3　马赫（1838 — 1916）

小重锤），它在一个竖面内来回运动，这时有一种表观力以这幅图中所说明的形式出现，它比离心力稍大一些，称为科里奥利力。因地球自转而造成的科里奥利力的效应，会使得摆的摆动平面绕着它的竖轴转动。如果摆设计得可以自由地在任意一个竖面内摆动，那么我们发现在地理纬度 l 的地方，摆平面在 $\frac{1}{\sin l}$ 天内绕着垂线方向转动一整周，如图 14-5 所示。这种摆称为傅科摆（图 14-6）。实验者可以利用傅科摆来测定地球的角速度，他只要把摆转动的角速度乘以 $\sin l$ 就行了。值得注意的是，用这种方法所得到的答案，同观察围绕着我们运动的

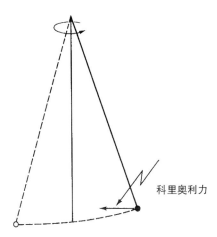

图 14-4　科里奥利力使得傅科摆的摆动平面绕着过悬挂点的竖轴转动

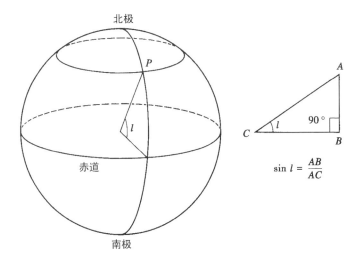

图 14-5　在纬度为 l 的点 P 上，傅科摆在 $1/\sin l$ 天时间内转过一整周。对右边所示的直角三角形来说，$\sin l$ 的数值即等于比值 AB/AC

远方恒星所能取得的答案符合得非常之好。换句话说，地球相对远方恒星的自转运动同相对牛顿绝对空间的自转运动几乎完全一样。

惯性这种性质是同宇宙的遥远部分有关的吗？

由于马赫注意到了这种一致性，他认为牛顿的绝对空间事实上是

图 14-6　傅科摆的一个实际工作模型

以远方恒星为参考系来加以确定的。又因为惯性力的概念同这种特定的参考系联系在一起，马赫进而推测惯性这种性质本身也同远方恒星背景联系在一起，其原因并不清楚。他认为，要是把背景去掉，那么我们实际上没有办法来确定作为运动定律基础的绝对空间，因为惯性与质量成比例，我们必然会认为物体的质量并不像牛顿所假定的那样是物体本身的一种内禀性质，而是同宇宙的遥远部分有关。这一概念称为马赫原理。19世纪以来对"遥远部分"的解释已经发生了变化。河外星系天文学表明，用遥远的星系来作为牛顿绝对空间的近似，要比用我们自己银河系内的远方恒星更为有效。物理学家们对这种一致性的估价，以及对马赫原理所具有的重要性的估价并没有取得一致的意见。在这一章中，我们就来对认真考虑了马赫有关质量和惯性的观念之后，给宇宙学所带来的一些影响做一番探索。我们感到对已经经受了将近一个世纪时间考验的一致性问题应该进行更深入一步的研究。

§14-3　单位和量纲

在科学研究中要涉及许多不同的物理量：质量、速度、力、角动量、电荷、磁场强度等。每一个量都以一些合适的单位来表示，于是由此而得到的代表这个量的数字就不会太大。举例来说，我们可以用磅或公斤来表示一个人的质量。然而，用这两个单位来说明恒星的质量都是不合适的。对于一颗恒星来说，合适的单位是太阳质量（$M_\odot$），它差不多等于 2×10^{30} kg。

只存在一种基本量纲

我们只要稍微思考一下就会知道,所有的物理量都可以用由长度(L)、质量(M)和时间(T)的幂次所构成的一些单位来加以表示。例如,速度的单位是(L/T),电荷单位是($L^{3/2}M^{1/2}/T$),引力常数的单位是(L^3/T^2M),等等。科学家用了许许多多不同的单位,例如达因、焦耳、伏特、高斯等,其理由也只是为了方便。在每一步都要记住 L,M 和 T 的幂次那是十分麻烦的。但是,这种实际应用上的做法不应该掩盖所有物理单位对于 L,M 和 T 的基本依赖关系。

现在把这一简化过程更向前推进一步,是不是一定要有三个基本单位,一个对 L,一个对 M,一个对 T 呢?由于 20 世纪物理学上的两项重要进展,我们不再一定要有三个独立的基本单位了。其中的一项就是狭义相对论(参见第 10 章),它证明了在自然界中存在着一种基本速度。这个基本速度就是光速,其大小为

$$c = 2.997929(\pm 0.000004) \times 10^{10}\,\mathrm{cm \cdot s^{-1}}。$$

如果我们考虑到这一重要结果的存在,那么采用使 $c=1$ 的单位制不是顺乎自然的吗?在这样一种单位制中,我们可以用时间单位来确定长度单位,反之亦然:

$$1\,\mathrm{s} = \{2.997929(\pm 0.000004) \times 10^{10}\}\,\mathrm{cm}。$$

有了 $c=1$,我们就可以不再把秒作为一种独立的时间单位。现在

所有的速度全是无量纲量，这就是说，它们是一些纯数。狭义相对论给任何速度的大小建立了一个上限1（参见图14-7）。

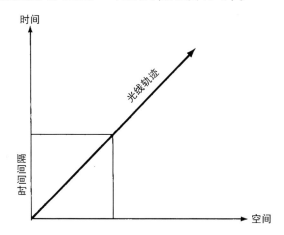

图 14-7　利用光线我们可以把任何空间间隔转换成时间间隔，反之亦然。取光速为 1（c=1）即相当于在空间单位和时间单位之间建立了这样一种等价关系。光线轨迹同空间轴（同时也同时间轴）交 45° 角

第二个重要发现是量子理论，它引入了自然界的另一个常数，即普朗克常数 h，或者是与之有关的常数 $\hbar = h/2\pi$. 量子力学测不准原理

$$\Delta x \Delta p \gtrsim \hbar$$

告诉我们，对一个系统来说，位置（图14-8中的 x 坐标）和动量（图14-8中用 p 表示）的任何测定都不可能做到无限地精确。上面的关系式为位置测定中的不确定性 Δx 与动量测定中的不确定性 Δp 的乘积确立了一个下限。如果我们想提高 x 的测定精度，也就是说要减少 Δx，那么所必须付出的代价就是增大 Δp。

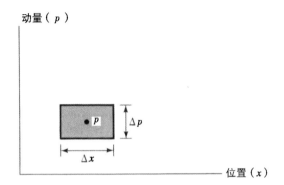

图 14-8　按经典的概念, 我们可以严格确定一个粒子的位置 (x) 和动量 (p), 在 x-p 图上我们可以用一点来表示这个粒子. 量子理论告诉我们, 这种精度是不可能达到的. 充其量我们也只能确定 P 位于面积为 $\hbar$ 的一个矩形 (图中的阴影部分) 之内

现在, 动量的量纲是质量 × 速度, 而我们已经知道, 因为取 $c=1$, 速度成了无量纲数. 所以, 图 14-8 中的误差矩形一条边的量纲是长度 ($\Delta x \sim L$), 另一条边的量纲是质量 ($\Delta p \sim M$), 如果我们现在令 $\hbar=1$, 这样图 14-8 阴影部分矩形的面积就等于 1, 那么我们就得到了质量单位 M 和长度单位 L 之间的一个关系:

$$ML \sim 1,$$

这就是说

$$L \sim M^{-1}.$$

应用这些单位, 测不准原理可以写成下面的形式

$$\Delta x \Delta p \gtrsim 1 \,。$$

因此，就可以用 g^{-1} 这种单位来表示长度。同样的单位对时间也是适用的，因为我们已经通过令 $c=1$ 而用长度单位来表示时间。只要指定常用的 $\hbar$ 值

$$\hbar = 1.05443\,(\pm 0.00003\,)\times 10^{-27}\ \mathrm{g/cm^2/s} = 1 \,，$$

我们确实就会得出一个表示克、厘米和秒之间关系的方程，再加上前面的厘米和秒之间的关系式，结果只剩下一个独立单位。我们选定这个单位是质量。于是，只要用质量我们就能写出所有其他物理量的单位：

长　　度	$\sim M^{-1}$
时　　间	$\sim M^{-1}$
能　　量	$\sim M$
电　　荷	$\sim M^0$
磁场强度	$\sim M^2$
引力常数	$\sim M^{-2}$

我们可以说，能表达成 M^n 的一个单位在这一单位制中具有维数 n。

于是，全部问题归结为选择一个用以表示 M 的单位。我们可以选用克，或者我们也可以选用某个基本粒子，比如电子或一个质子的质量，前提是我们要确信某个基本粒子的质量为常数。如果我们遵循

牛顿关于惯性是物质的一种内禀性质的箴言，那么对于我们的质量单位就会有一个固有的数值。我们可以承认，或者只是假定，只要不存在任何相反的证据，那么电子质量 m_e 在任何时候、任何地方都是相同的。这就给了我们一种确定的框架，然后所有的单位就都固定在这一框架内了。

但是，一种利用可变粒子质量的框架可能引出简化的几何学关系

在我们讨论宇宙遥远部分中的长度测定和几何关系时，上述框架使我们确信在那里所用的测量单位同我们实验室中的单位是一样的。在考察遥远星系中原子所发出的谱线时，我们可以认为，在那边有关谱线的条数，同现在我们这里同类过程中所应当发现的数目是相同的。

尽管如此，我们一定不能忘记这种表观上坚实可靠的框架只是建筑在牛顿物理学的一条假设之上，而如果我们倚重马赫原理的话，这条假设就会变得靠不住了。如果 m_e 是我们这里现在的电子质量，那么 m_e 目前所观测到的数值同今天的遥远星系背景有关。就一般情况来说，我们无法保证这种遥远背景永远会步调一致地使得对任何时候、任何地方来说 m_e 都有着相同的数值。因此，在描述宇宙的物理特性时，我们必须把 m_e 会变化的这种可能性也考虑进去，也就是说，我们的量度框架不是刚性的，而是允许 m_e 随某个外界因子按比例变化。

做出这样的一步发展并不一定需要使情况复杂化，只要在不同时空点上有采用不同长度标度的自由，那么这后一种图像就能够使数学家们选择一种形式上要比其他方法所可能做到的更为简单的几何系。因此，可以证明在大多数情况中以下两种图像在数学上来说是等价的：

粒子质量不变 + 复杂的宇宙几何学
⇔ 粒子质量可变 + 简单的宇宙几何学 ⋯（E）

两类图像表现为截然不同的例子是在一些特殊场合中出现的，这发生在时空的一些特定点上，那里全部粒子的质量在新的图像中恰好为零。在第一种图像中与粒子质量消失相应的表现是时空几何学的一个奇点。

前面一章中，我们曾经用第一类图像对宇宙做了描述。在这一章中，我们要用第二种描述方法，因为用后一条途径来描述宇宙会使得宇宙学的许多方面，特别是与宇宙起源有关的那些方面变得更容易理解。宇宙的起源恰恰就是时空几何学的这一类奇点。因此，宇宙的起源在第一类图像中显得奥秘莫测，但在第二类图像中就毫无奥秘可言了。

§14-4　星系系统膨胀的含义

现在从第一类图像开始来考虑一组 n 个星系，它们在某一特定宇宙时瞬间（比如说 t）的位置是 G_1，G_2，$\cdots$，G_n。再假设用直线把 G_1 和 G_2，G_2 和 G_3，$\cdots$，G_{n-1} 和 G_n 以及 G_n 和 G_1 连接起来，构成一个多边形。我们可以对不同瞬间（比如说 t'）时的同一组星系做同样的事情，从而得到第二个多边形。宇宙学原理使我们能得出的推论（其中所用到的数学相当复杂）是第二个多边形必然同第一个多边形有相同的形状。但是，我们无法推知两个多边形有相同的尺度，它们的尺度可能不相同，如图 14-9 所示。我们用建立一个宇宙时系统的做法，使得我们可以由任何的一组星系来构成一个多边形，而且不论我们选取什么宇宙时瞬间来构成这个多边形，它总有着确定的形状。

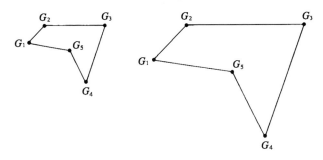

图 14-9　根据通常有关宇宙学的一些假设，如果把一组星系在两个不同宇宙时瞬间的空间位置连接起来，构成两个多边形，那么这两个多边形的形状必然相同。但是，有关宇宙学的一般性假设并不要求两个多边形有相同的尺度

第 13 章中，我们曾利用标度函数 $Q(t)$ 来确定一个多边形在 t 时间的尺度。因此，在图 14-9 中，左边那个多边形的 $Q(t)$ 就比右边那个多边形来得小。在膨胀宇宙图像中，$Q(t)$ 随时间的推移而增大，在图 14-9 中就是从左边的图形朝着出现在它之后的右边那个图形而增大。$Q(t)$ 的变化特性是宇宙时的函数，其中的有些方面可以通过爱因斯坦引力理论来加以计算。

为了对第一幅图中的情况再次进行简单的讨论，让我们先来考虑三个星系。这时，多边形即成为一个三角形，这个三角形的尺度随着时间的推移而增大（Q 增大，参见图 14-10）。过去的三角形要比现在来得小，将来的三角形会变得比现在的来得大。这种情况就会引出

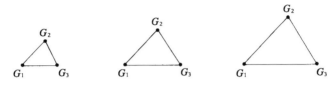

图 14-10　在膨胀宇宙中，对于连接三个星系而构成的三角形来说，过去的要
比现在的来得小；将来的会比现在的来得大

一个问题：如果我们向着过去走得足够远，那么这个三角形是否会像
图 14-11 中的情况那样缩小到根本不存在呢？回答是肯定的，因为 Q
曾经一度为零。这个答案在第 13 章中是从爱因斯坦引力理论得来的，
在爱因斯坦－德西特模型中我们从图 13-3 看到这一点，而对于 A，B，
C 这三种几何学情况来说我们是从图 13-4 看到这一点的。

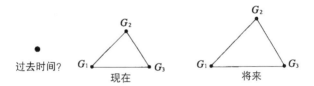

图 14-11　图 14-10 引出这样一个问题：在过去是否有某一个时间会使这个三
角形缩小而为一点呢？

那么 $Q(t)$ 随时间而变化又究竟意味着什么呢？我们怎样来测定
星系多边形在尺度上的变化呢？回答是，我们的基本标准，无论是关
于时间间隔或空间长度的标准，都是根据某种选定原子的特定量子跃
迁所引起的辐射波长来加以建立的。辐射的波长又取决于构成原子的
粒子质量，特别是电子的质量。当我们计算在某种原子的跃迁（比如
说，氢的 H_a 跃迁）中所发出的辐射频率（比如说 v）时，v 与电子质
量成正比。因此，如果记电子质量为 m，那么就有 v 与 m 成正比。辐
射的波长为 c/v，因此波长与电子质量的倒数 $1/m$ 成正比。就是这个

$1/m$ 确定了我们的物理标度，它用原子的大小以及通过原子辐射所给出的时间单位（即原子钟的单位）来表示。当我们在说星系间距离随时间而增大时，我们指的是相对于 $1/m$ 所测得的距离。我们的意思是星系多边形相对于作为单位（如图 14-12 中所示的）的 $1/m$ 而增大。

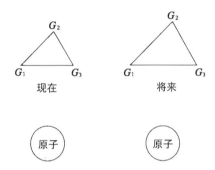

图 14-12　当我们说图 14-10 中三角形的大小随时间而增大时，我们的意思是指三角形任一边的长度同由原子大小（这里已做了充分的夸大）所确定的长度标度之比在增大，而标度本身则保持不变

§14-5　宇宙膨胀的另一种解释

　　§14-3 表达式（E）所给出的等价关系的含义现在便很清楚了。该式等号左边要求 $1/m$ 保持固定不变，这时星系多边形随标度因子 $Q(t)$ 而增大。但是，如果来看它的右边部分，那么我们可以假定星系多边形保持不变，所以对任何时间总有 $Q(t)=1$，这时 $1/m$ 必定如图 14-13 中那样减小。我们是否能够设计出一些物理实验来对图 14-12 和图 14-13 所描述的两种情况做出判别呢？局部性的实验是不可能做到这一点的，因为它们所涉及的时间间隔太短，在这期间 $1/m$ 的任何变化都完全可以忽略不计。但是，如果假定地球上的一位实验者可以活很长的时间，又假定他能够取得某种原子发出的辐射，比如说

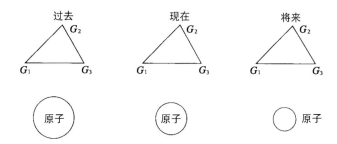

图14-13　图14-10的另一种解释是使三角形的大小保持固定不变,同时假设原子的尺度(这里也做了充分的夸大)随时间而减小

钙的 H 和 K 振荡,并且能把这种辐射储存起来以为将来作参考之用。那么,在经过一段长时间之后,就可以把所储存的辐射和同类原子新发出的辐射加以比较。老辐射的振荡频率是否与新辐射的频率相同呢?

可以用非膨胀宇宙中粒子质量随时间的变化来解释哈勃红移的起因

　　在某种意义上说这类实验是能够完成的,这种情况如图14-14所示。遥远地方一个星系所发出的光线经过很长的时间到达我们这边,而我们可以把穿过空间的历程看作为某种形式的储存。当我们接收到这样一个星系所发出的光线时,就可以来检验这种老的光线,对于有些星系来说这是在几十亿年之前产生的光线。我们发现了什么呢?我们发现老光线的振荡频率与地面实验室目前产生的新光线的频率不同。我们是否应该把这点认作为一种证据,说明几十亿年前粒子的质量与它们今天的质量不同呢?为什么要费心动用多普勒位移以及星系彼此间高速分离的观念呢?我们刚才描述过的红移观测结果可以通过这种全然不同的方式来做出解释,也就是用 $1/m$ 的某种变化来做出解释。

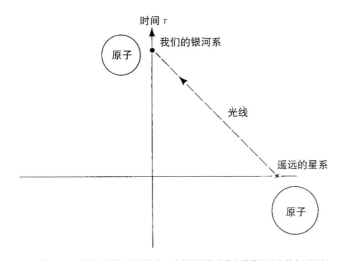

图 14-14　我们可以说，遥远地方一个星系所发出的光线是在过去某个时间产生的，当时粒子的质量要比现在的质量来得小。由于这个原因，一种特定原子跃迁所造成的辐射与今天同一种跃迁的辐射相比就出现了红移

物理学家们一想到对一种现象有两类互不相同而又无法加以判别的解释时就会变得心烦意乱。对于这类情况，他们的反应是力图说明如果为了描述一项观测结果存在着两种方式，而对这两种方式又无法做出判别，那么不管表观上它们可能显得如何地不一致，但这两种方式实际上必然是相同的。所以，我们无需考虑图 14-12 和图 14-13 中究竟哪一个才算是正确的图像，应该把它们看作为同一图像，而且应该修正我们的物理观念以使它们成为同一。

上面所述的会意味着什么呢？它应当意味着一个粒子的质量必须由它同其他粒子间的关系来加以确定，同时又要服从以严格的数学方式来加以叙述的某一些规则。这些规则的选取必须恰当，这样才能从我们的物理学理论（例如引力理论），对图 14-13 得出与图 14-12

完全相同的、可观测到的结果来。这种严格等价的要求，需要在技术上有重大的提高，其细节情况我们在这里就不必要去细加推敲了。就目前来说，只要知道可以做到使图 14-12 和图 14-13 严格彼此等价就足够了。因此，我们在处理问题时，可以用图 14-13 而不是用图 14-12 来作为我们对宇宙的说明。

问题马上表现出明显的简化。当我们采用图 14-13 的图像时，宇宙的几何学关系就变得与局部时空的几何学关系相同，而且不管图 14-12 中星系多边形的类空特性是 A 型、B 型还是 C 型，几何学关系总是保持一样。不论以前的情况如何，现在我们的情况是方便的，这就是说，整个宇宙的几何学关系同局部的狭义相对论几何学关系一模一样。

对爱因斯坦-德西特模型还有着另外一种重要的简化。在新的图像中，星系就像图 14-15 中那样在空间均匀分布。这里，引入平滑化宇宙的观念是有好处的。我们可以设想对图 14-15 中星系的物质加以平滑化，以使粒子的密度处处相同。这样做了之后，我们就可以做出图 14-15 那样的一种图像，但是现在世界线所代表的是个别粒子而不是星系，图 14-16 中说明了这一点。显然，图 14-16 中个别粒子密集程度要比图 14-15 中的星系高得多（间隔距离的减小应当比图中所能表示的情况明显得多）。

注意，图 14-16 中粒子的平均间距给了我们一种新的长度标度，比如说 L，我们可以用它而不是用原子所确定的标度来测定空间长度。标度 L 的优点在于任何时间它都是相同的，而现在对于由原子辐射所

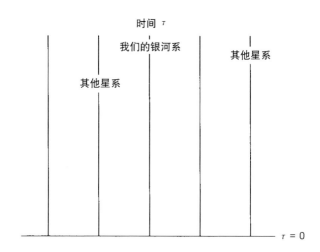

图 14-15 这里是爱因斯坦-德西特模型中图 14-13 的另一种图像，宇宙在这种图像中是静止的

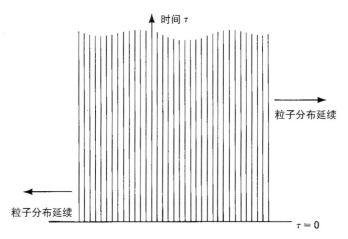

图 14-16 我们可以想象对星系物质进行平滑化，形成一种均匀的粒子背景

建立的标度来说，缺点就是由于构成原子的粒子质量是可变的，这种标度就会随时间而变化。事实上，这种质量变化正是以新形式再次出

现的红移效应，这一点我们已经注意到了。还要提请注意的是标度 L 是物理标度。我们还可以为时间单位也建立一种物理标度，为此只需要求光线和其他形式的辐射在图 14-16 中以 45°角方向传播，就像图 14-17 那样。用这种方法进行测量时，我们以 τ 来表示时间。对于以这种方法所确定的时间来说，另一项结果也完全可以得到证明，即在爱因斯坦-德西特模型中粒子质量的变化与 τ^2 成正比。现在就来看一下，我们是否能够对引出这一结果的方法有深入的了解[1]。

可以对马赫原理给出一种数学框架

谈到这一步我们要来重温一下 §14-2 中已介绍过的马赫的观念。马赫论证了粒子惯性的观测性质并不是该粒子的一种内禀性质，而是粒子因同背景的相互作用而获得的一种性质。这里，马赫并没有给出一种数学上的理论。在我们现在试图加以发展的图像中，我们所得到的结论就是马赫原理应当能保证：典型粒子的质量取决于宇宙的大尺度结构。我们现在就要更深入地来研究一下这个概念，并且尝试对其中的相互作用进行系统的阐述，这种相互作用可以对一个粒子的惯性如何由宇宙中其他粒子引起的问题做出定量的描述。

图 14-18 中我们要把 A 点位置上粒子 a 的质量，看作是由其他粒子引起的各种影响所决定的，这些影响在 45°斜线上传播，图 14-18 中其他粒子以粒子 b 为例。不管是什么情况，我们现在同样把相互作用看作为来自过去，就同光的情况一样。首先我们要问，这样一种

---

1. 读者完全不必为下面的细节情况感到烦恼，高兴的话，可以马上跳到 §14-6 去。

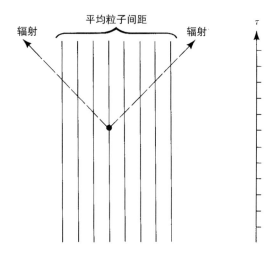

图 14-17 在图 14-16 的平滑化模型中,粒子间的平均距离给出了一种空间标度。对时间测量所用标度的选择是要使得辐射传播方向与时间轴成 45° 角,图上表示了这一点

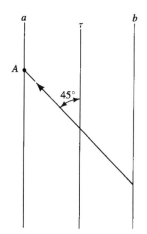

图 14-18 A 点位置上粒子 a 的质量是由另一些粒子 b 的影响决定的。这些影响在与时间轴交 45° 角的方向上传播

相互作用的影响同粒子 a 和 b 之间的距离 r 会有怎样的关系。我们显然会认为，在 r 比较大、两个粒子分得比较开的时候，相互作用的影响应当比 r 小的时候来得小。这种看法意味着存在一种反比关系，但影响是同简单的倒数 $1/r$ 成正比，或是同倒数平方 $1/r^2$ 成正比，还是同 r 的另外某种形式成正比呢？最初，我们也许会假定平方反比律 $1/r^2$ 应当是正确的，对于距离 r 地方一个源的辐射强度来说就是这样。但是，辐射强度本身取决于某个更基本量的平方，这个量通常称为辐射的振幅，它的特性是随 $1/r$ 而变化。对我们正在寻求的相互作用来说，它的变化特性像振幅，而不像强度，所以它随 $1/r$ 而变化。因此，情况就是这样：为了确定图 14-18 中 A 点位置上粒子 a 的质量，我们必须把所有其他粒子与 $1/r$ 有关的影响加起来，这些其他粒子在图 14-18 中是以粒子 b 来作为例子的。让我们看一下如何来进行这种加法，这里要记着粒子在空间均匀分布，相隔距离为 L。

在图 14-18 中以 A 点为球心作一组球面，半径为 L，$2L$，$3L$ 等。因为在图 14-18 中只画了空间三维中的一维，我们不可能用一般的方法来画出这些球。如果把空间三维中的两维隐去，球就成了一些简单的点子，原因是对于我们图上按 45°角传播的相互作用来说，由于在时间零点之前任何粒子都不会存在，于是我们向着过去可以走多远是存在着某个极限的。如果记 A 点位置的这一时间为 τ，那么我们到达这类粒子时的空间距离 $r=\tau$。显然，这时对 A 点位置上粒子 a 质量的影响，只限于由有限数目的一系列球 L，$2L$ 等所到达的粒子，这个系列中最后一个球的半径比 τ 来得小，两者之差不过就是一段不长的距离 L。图 14-19 说明了这种情况。

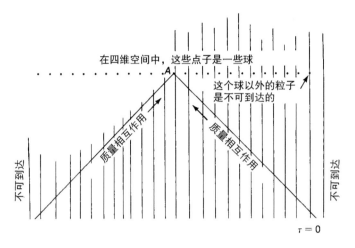

图 14-19　空间均匀分布的一组球，球心为 A。因为这里把空间三维中的两维隐去了，球就成了一些简单的点子。最后一个球上的粒子刚好达到对 A 点位置上粒子 a 的质量还能做出影响

　　接着，我们来考虑半径 $(n+1)L$ 的球能到达、而半径 nL 的球所没有到达的全部粒子对质量的影响。这里 n 应看作为一个大的整数，但还没有大到使 $(n+1)L$ 超过 τ。实质上，上述全部粒子到 A 点的空间距离就是 nL，因而每个粒子对 A 点位置上质量的影响与 $1/nL$ 成正比。这类粒子的数目与两球所夹的那部分体积成正比，而用 $4\pi n^2 L^3$ 来表示这一体积就足够精确了。因此，球 $(n+1)L$ 已到达而球 nL 却没有到达的全部粒子所造成的影响必须与乘积 $(1/nL \times 4\pi n^2 L^3)$ 成正比，也就是与 $4\pi nL^2$ 成正比。

　　这项论证的最后一步就是要把全部这些球对的影响累加起来。这种影响从一对球到另一对球的变化就同整数 n 的变化一样。因此，我们要求的总和与级数

$$S = 1 + 2 + \cdots + k$$

成正比，这里 kL 是图 14-19 中最后一个球的半径。

有许多种方法可以使这一和式得以简化。注意，级数的第一项和最后一项相加得 $k+1$。第二项和倒数第二项相加为 $2+k-1=k+1$。事实上，如果我们把到两端等距离的两项构成一对，那么对每一对来说答案都是相同的，即 $k+1$。有多少个这样的对呢？如果 k 是偶数，就有 $\frac{1}{2}k$ 对，所以 $S = \frac{1}{2}k(k+1)$。如果 k 为奇数，那么这样的对就有 $\frac{1}{2}(k-1)$，另外加上级数的中间一项 $\frac{1}{2}(k+1)$。由此得到 $S = \frac{1}{2}(k+1) + \frac{1}{2}(k-1)(k+1) = \frac{1}{2}k(k+1)$。无论哪一种情况所得到的答案都是相同的。因为 k 是一个大数，我们可以把 S 近似地看作就是 $\frac{1}{2}k^2$。另外，因为 L 同 τ 相比是个小量，我们可以写出 $k=\tau/L$。以 $k=\tau/L$ 代入后，我们得到 $S = \frac{1}{2}(\tau/L)^2$，这个量与 τ^2 成正比，这就是我们所寻求的答案。现在我们知道粒子的质量可以随时间而变化是怎样引起的了，我们通过一种巧妙的方法说明了为什么在遥远星系的辐射中会观测到红移效应。

§14-6　哈勃和哈曼逊的红移-星等关系

我们现在的目标是要来证明一个更为雄心勃勃的结果，这就是在图 13-6 中所画的星等和红移间的关系。考虑 τ 时间从距离为 r 的一个星系那里所接受到的光线，如图 14-20 所示。由于测定 τ 的标度是

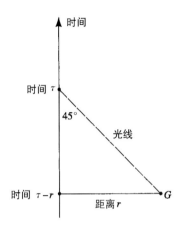

图 14-20　τ 时间从空间距离为 r 的一个星系所接受到的光线,必然要在 $\tau-r$ 时间开始它的旅行

根据光在这幅图上按 $45°$ 角传播这一要求来加以确定的,那么这个星系所发出的光必须在 $\tau-r$ 时间开始它的旅行,这样才能在 τ 时间收到它。现在,根据我们刚才所了解的情况,辐射发出时粒子质量必然与 $(\tau-r)^2$ 成正比,而接受这一辐射时粒子的质量与 τ^2 成正比。我们可以就电子来表达这一结果,分别记 $\tau-r$ 和 τ 时间的质量为 $m(\tau-r)$ 和 $m(\tau)$,其中 $m(\tau-r)$ 和 $m(\tau)$ 满足方程

$$\frac{m(\tau)}{m(\tau-r)}=\frac{\tau^2}{(\tau-r)^2}。$$

利用类似的记号我们写出 $v(\tau-r)$ 和 $v(\tau)$,用来表示由某一种原子的一种跃迁所发出辐射的频率;例如,$v(\tau-r)$ 可以是氢原子的 H_a 跃迁在 $\tau-r$ 时间所发出辐射的频率,而 $v(\tau)$ 应当是在 τ 时所发出的 H_a 的频率,前面已经谈到过辐射的发射频率与电子质量间的关系,即 v 与 m 成正比,根据这一点我们得出

$$\frac{v(\tau)}{v(\tau-r)} = \frac{m(\tau)}{m(\tau-r)}。$$

现在，这个方程的左边部分正好是量 $1+z$，所以

$$1+z = \frac{m(\tau)}{m(\tau-r)} = \frac{\tau^2}{(\tau-r)^2}。$$

为了对不同的星系取得不同数值的红移，就像生活在 τ 时间的一名观测者所确定的结果一样，我们只要在这个公式中使 τ 保持不变，同时改变距离 r。

下一个问题是要求得这些星系的星等对于 r 的具体依赖关系。设一个星系的距离为 r，内禀光度为 $\mathscr{L}$〔那么它的视亮度恰好就是 $\mathscr{L}/4\pi r^2$，因为现在来说宇宙几何学同我们所熟悉的局部几何学是完全一样的。但是，在应用这一简单结果时，我们必须记着要选用 $\tau-r$ 的时间的 $\mathscr{L}$〕，$\tau-r$ 就是 τ 时间所接受到的光线的发射时刻。现在，可以知道 $\mathscr{L}$ 的特性随粒子质量的平方而变化。所以，$\mathscr{L}$ 与 $m^2(\tau-r)$ 成正比，因而就与 $(\tau-r)^4$ 成正比〔光度意味着单位时间发出的能量。能量的变化特性与粒子质量相类似，所以与 $m(\tau-r)$ 成正比。单位时间与 $1/m(\tau-r)$ 成正比。因此，单位时间除以能量就与 $m^2(\tau-r)$ 成正比〕。

在可变粒子质量的闵可夫斯基宇宙中，红移-星等关系具有一种非常简单的形式

由上面一段可以得出能通量 f 与 $(\tau-r)^4/r^2$ 成正比。在第 12 章中

（参见图 12-15）我们知道，星等（比如说 M）由式

$$M = -2.5\log f + \text{确定的常数}$$

所确定[1]。这个公式可以写成如下的形式：

$$M = -2.5\log\left[\frac{(\tau - r)^4}{r^2\tau^2}\right] - 5\log\tau + \text{确定的常数}。$$

因为 τ 是常数，$-5\log\tau$ 这一项可以与右端的最后一项合并。因此我们有

$$M = -2.5\log\left[\frac{(\tau - r)^4}{r^2\tau^2}\right] + \text{常数}，$$

其中的常数对于 τ 时间所观测到的每个星系都是相同的。

这项论证的最后一步是把有关 M 的这个方程同前面关于 z 的方程联合起来。因为 $1 + z = \tau^2/(\tau - r)^2$，不难看出

$$\frac{r}{\tau} = 1 - \frac{1}{\sqrt{1 + z}}。$$

现在先指定 z，然后来计算 r，再用 r 来计算 M。根据对不同起始值 z 所得出的结果，便引出图 13-6 中所给出的曲线，这里我们把它重新绘于图 14-21。

---

1. 视星等的常用记号为 m。为了不致与质量的记号相混淆，我们将用 M 来表示视星等，而不是用 m。

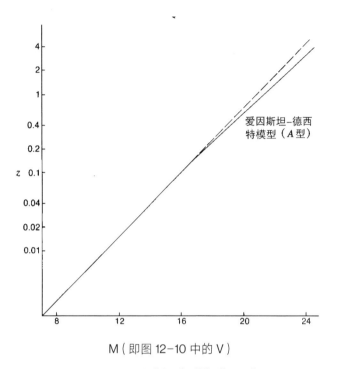

M（即图 12-10 中的 V）

图 14-21　适用于爱因斯坦-德西特模型的 z-M 关系

这一结果是相当成功的，因为通常为了得到这个结果必须用到有关相对论和宇宙学的专业课程，所涉及的内容很广。这里我们所用到的只是一些非常简单明了的推理。

§14-7　早期宇宙

现在，依据爱因斯坦-德西特模型，我们对宇宙结构有了一幅清晰的图像，我们对星系表现出红移现象有了一种简单的理解方式：原因在于粒子质量随时间而变化。在 $\tau = 0$ 这一初始瞬间我们的星系多边形不再收缩为乌有。所有时间的几何学关系都是很简单的。特别是当 $\tau=0$ 时，不存在有任何几何学上的问题。狭义相对论几何学对 $\tau=0$ 是适用的，正像它适用于任何别的瞬间一样。还需要注意的一个重要特点是，所有我们的粒子都处于静止状态。这里我们完全不需要多普勒效应，不存在我们在第 12 章所碰到的那种概念上的困难，在那里我们已经认识到往往是由红移的多普勒解释而引起的那种错误观念，即由于所有的星系都表现为离开我们自己的星系做退行运动，我们必须位于宇宙的某个中心位置上。在图 14-16 中不表现出有任何的中心。我们也懂得了是什么因素使得 $\tau=0$ 瞬间会如此地特别。$\tau=0$ 时粒子质量为零，它们之所以为零是因为在 $\tau=0$ 之前不存在有任何的相互作用。

　　请考虑一下 τ 值很小但不严格为零时的情况。因为那个时候粒子的质量很小，原子所发出的是低频辐射。因此，如果 τ 足够小，那么现在在地面实验室中发出可见光的原子在那时甚至会发出射电波。由于从宇宙早期历史以来所延续下来的任何辐射的振荡频率不会随时间的推移而发生变化，同时对现在来说几何学又有着简单的欧几里得形式，因此我们预期如果这样的辐射仍然存在的话，那就只会在低频上才观测得到。我们可以预测频率分布应当具有图 13-26 所表示的那种形式，但是到目前为止我们还不可能预测在各种不同的可能性中频率分布会服从哪一种。事实上我们在第 13 章中已经知道，这种辐射不是别的，正是彭齐阿斯和威尔逊在 1965 年首次观测到的微波背景。在图 13-26 的各条曲线中，最底下对应于 3 K 的那一条同观测结果最为接近。只要把迄今我们所给出的图像加以扩充，就能对这种辐射的起源有进一步的了解。在 §14-9 中我们将会看到这一点。

现代有关宇宙学的许多讨论中，总是假定辐射在 $\tau=0$ 时已经存在。尽管由于在 $\tau=0$ 之前假定什么都不存在，因而也就没有东西可以产生出辐射来，所以这一观念看来也许有点特别，但正是这一观念引出了一些有意义的结果。即使在当时只是一些低频辐射，正因为在 τ 不大时粒子质量非常接近零，所以这种辐射必然对物质的特性起着支配的作用。辐射可能会产生出各种形式的奇异粒子，而这些粒子在现在只能通过强大的加速器产生出来，例如位于伊利诺斯州巴塔维亚的那种加速器。在非常靠近 $\tau=0$ 时存在的那些粒子的性质应当是极其复杂的，而且这些粒子应当属于现在称之为宇宙元初时代的内容。

有些物理学家已经怀疑，如此复杂的过程是否能产生出某种今天世界中仍然可以观测得到的效应。$\tau=0$ 附近的一束粒子会可能导致星系的形成吗？这个看法看来也许是抱负不凡，但是我们必须记住，用来解释星系起源的其他一些表面上看来比较简捷的尝试至今还没有取得很大的成功。

§14-8　当前宇宙学中的难题

图 14-22 中总结了目前为止我们所已推导出的爱因斯坦-德西特模型的图像。尽管从可以观测得到的特征，例如从哈勃定律和微波背景来说，这种总体图像是令人满意的，然而还是有着一些不能令人满意的地方。只要看一下图 14-22，我们立即会觉察到的一个特征是，所有粒子的世界线全都在历元 $\tau=0$ 突然终止。为什么这些世界线就应该以这种方式突然终止呢？就我们所能看到的范围来说，$\tau=0$ 时的几何学关系同以后任何时间（$\tau>0$）都是一样的。

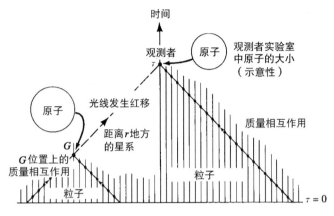

图14-22 有关爱因斯坦-德西特模型结果的总结

假定我们不要像图14-22那样使$\tau=0$之前什么东西也不存在，而是设法避免粒子轨线出现人为的中断，像图14-23那样把轨线向更早的时间延伸，无限制地往回走去。现在我们马上就会遇到麻烦了，这是因为我们计算粒子质量的方法会导致某种无穷大的结果。这样，在上一节中我们发现一个粒子的质量与有限级数$S=1+2+3+\cdots+k$成正比，其中的最后一项根据图14-19所表示的方法来加以确定：整数k和粒子间平均间距L的乘积与τ很接近，所以，式$k=\tau/L$有足够的精度。但是，在图14-23的情况中，我们并没有用这样的方法来终止遥远壳层对质量的影响；这就是说，§14-5中引入的半径为L，$2L$，$3L$等的一系列球可以无限制地延续下去，这么一来所计算出的质量就变得同级数$S=1+2+3+\cdots$成正比，这是一个无穷级数。

这种力图避免图14-22中出现轨线终点的做法是失败的，我们从中知道粒子质量m与τ^2成正比这一结果的出现（对爱因斯坦-德西特模型这一结果是必然的）完全在于认为所有的粒子都在$\tau=0$时

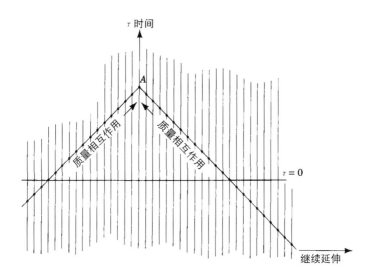

图 14-23　我们可以设法避免粒子轨线出现中断, 办法是把它们往回无限地延伸

突然开始。

时空奇点和宇宙起源的问题是可以避免的

　　让我们接受从图 14-23 所得到的教训, 回到图 14-22 上来, 设法为图 14-22 中粒子轨线的突然开始找到一种物理学上的解释。在做这些事情的时候就会遇上我们在附录 A 中所考虑的问题, 那里是通过附图 A-3 来加以说明的。我们将会看到, 可以建立一条数学定律（它通过某种作用量原理的方法来加以确定）来描述具有终点的粒子轨线, 一旦我们使得这条数学定律在物理学上得以发挥作用, 那么终点处于其他 τ 值位置上的轨线同样也是会出现的（如附图 A-3 所示）, 对由此而引起的物理学问题的普通解决方法会使我们完全脱离

大爆炸宇宙学。一旦用一种行之有效的物理学原理来描述这些有终点的轨线，那么我们最终就会得到附录 A 中的稳恒态模型。但是，微波背景的存在又好像使稳恒态模型无法成立。因此，难题在于物理学和数学上的普通推理方法似乎把我们带入了理论和观测间的某种矛盾之中。

有许多人乐于接受这种状况。他们认为图 14-22 自然成立，而不去为粒子的突然开端寻求任何物理学上的解释。他们有意识地把这种突然开端认为是超自然的，这就是说超出了物理学的范围。因此，认为物理定律在 $\tau=0$ 时不再成立，而且生来就是如此。对许多人来说，这种理想方法似乎是心满意足了，因为这样做可以在 $\tau=0$ 时引入超出物理学范围的"某种东西"。语义一转，"某种东西"即成了"神"，只要第一个字母改为大写那就是上帝[1]，这便警告我们对问题的追究不得再前进一步。

把超自然概念引入世界并由此来解释一些现象的种种企图在过去总是以失败而告终。在 19 世纪初，人们认为不可能通过普通的化学过程来合成有机分子。现在，有一整套工业就建筑在这种合成方法之上。生命起源被认为是又一个物理定律不能成立的地方，而这种观点看来已站不住脚了。实际情况是在过去已经发现了一些现象，它们已迫使人们对物理定律加以扩展。放射性的发现即是一例。但是，物理定律的扩展并没有改变它们的基本逻辑。当然，我们可以争辩宇宙起源因其内在的性质可算是一个特例。尽管对许多人来说，这场最后

---

1. 英语 god（神）中第一个字母改为大写后的意思就是"上帝"（God）。——译者注

的论战好像是很值得的，但是我们宁可依赖过去的经验。我们不相信
需要祈求超自然作用来解决我们能够想到的任何问题。

对于解决刚才所叙述的那个难题来说是否已时机成熟了呢？这
个问题大概可算是天文学、也许还是物理学的所有问题中最为棘手的
一个。现在来解释为什么我们相信时机必然已成熟无疑。

在科学研究中有着一种奇妙的现象，那就是无论已经达到了什么
阶段，即不管是 1800 年，1900 年，1950 年或是 1980 年的科学水平，
任何一个时期的研究工作者尽管都很清楚，前代人所表现出的类似的
信赖是完全靠不住的，但最完善的认识总是恰好处在转折时期。为什
么我们会有这样的错觉：完善的真理总是等候在显然是一条漫长而又
曲折的道路的下一个转折点处呢？原因在于对一个问题来说，只有当
接近解决它的时候我们才能够想到它。对我们可以想到的那些问题来
说，解答确实就处在这条道路的下一个转折点附近。我们无须考虑那
些会使将来的科学家感到苦恼的问题，理由很充分，因为我们还不可
能想到它们。

因此，我们相信，由于图 14-22 中与 $\tau=0$ 有关的问题是我们可
以想到而且可以做出系统性阐述的一个问题，所以解决它的时机必然
已经成熟。我们应该采取什么样的途径呢？也许我们是否应该回到稳
恒态模型，决不屈服于根据微波背景而提出的批评呢？这曾经是十年
前我们对于因射电源计数而来的一些批评所采取的态度，而且已经证
明那些批评并非像一开始看上去那样不可击破。也许将会证明由微波
背景而来的批评过于夸大，而随着时间的推移这种批评就会低落下去

呢? 也许会是这样, 但在目前阶段, 在力图"跳出困境"的十多年之后, 我们最好是尝试从刚才介绍过的那套议论的有限圈子内摆脱出来。让我们设法来做到这一点, 我们的着眼点是把图 14-22 扩展到图 14-23, 初看起来这也许不可能, 因为这种扩展会导致无限大质量。让我们来看看是否有可能通过某种途径来避免这种无穷大。

我们知道, 对于一个电场来说, 可以有正和负的两种影响, 具体情况取决于产生影响粒子的电荷的符号。物质团块所包含的粒子既有带正电荷的也有带负电荷的 (质子和电子), 因此就会对电场造成正、负两种影响。

让我们尝试把类似的概念用在造成粒子质量的某种场上, 其中正和负的影响来自一些遥远的、甚大尺度的物质团块, 尺度之大甚至可以同遥远星系的距离相比。但是, 现在同电的情况会有一种重要的差别。个别团块所产生的或者全是正影响, 或者全是负影响, 而不是两者的混合。例如, 假定我们像图 14-24 那样来考虑 $\tau=0$ 时间在宇宙尺度上彼此分离的正影响和负影响。这时, 只要我们在方法上做出某种重要的改变, 所算得的粒子质量就会同 τ^2 成正比, 这正是我们对爱因斯坦-德西特模型所要求的结果。

在图 14-25 中, 我们有 §14-5 中所用的那种形式的质量相互作用。假定图中所示的 a, b 粒子的两段轨线在 $\tau=0$ 的同一边 (比如说在正的一边), 而且随着 τ 的变化粒子 a 轨线上 A 点的位置在时间上要晚于粒子 b 轨线上的 B 点。在我们前面的计算方法中, 曾经假定 A 点位置上粒子 a 的质量有来自 B 点的影响, 但是我们假定 B 点位

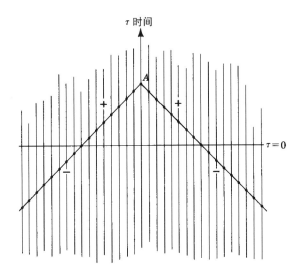

图 14-24　假设 τ=0 时正、负质量相互作用彼此分离, 图中说明了这种情况

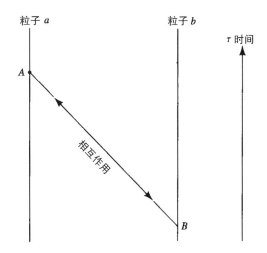

图 14-25　§14-5 中的情况是, A 点位置上粒子 a 的质量有着来自 (较早的) B 点位置上粒子 b 的影响, 但 B 点位置上 b 的质量不会有来自 A 点的影响。现在使这种情况对称起来, 即 A 对 B 有同样大小的相互作用

置上粒子 b 的质量没有来自 A 点的影响。这就是说，计算方法表现出一种我们所不希望有的非对称性。让我们使图 14-25 中的相互作用对称起来。根据牛顿的说法，作用力同反作用力大小相等、方向相反。这一变化确实是方法上的一种重大改进，由此能得出我们所要求的结果，即粒子质量与 τ^2 成正比。

于是，刚才所提到的难题由于图 14-25 的对称体系而得到了解决。这样一来，关于粒子轨线带有终点的要求就避免掉了。但是，为什么 $\tau=0$ 时相互作用的符号会出现转变呢？为什么这一特定瞬间是如此地与众不同呢？这是一些自然会提出来的问题，而令人鼓舞的是，我们发现只要对图 14-24 做特殊的安排，然后再加以很好的归纳，就可以对这些问题做出回答。

§14-9 质量相互作用的一般形式

考虑图 14-26 所示的情况，其中有两个以上的 + 和 − 的团块（照例我们注意到，由于要求只用二维来表示实际上是四维的情况，这就必然造成表现上的限制）。如图 14-27 所示意性说明的那样，为了确定粒子 a, b 轨线上 A, B 两点之间相互作用的符号，我们对 A 和 B 所在的区域赋以适当的符号。如果 A 和 B 都位于 + 团块之中，那么相互作用的符号是 $(+1) \times (+1)$，即为正。如果 A 和 B 都位于 − 团块中，符号由乘积 $(-1) \times (-1)$ 所确定，所以也是正的。但是，如果一点在 + 团块中，另一点在 − 团块中，则由 $(-1) \times (+1)$ 所给出的符号就是负的，这个意义也正是对图 14-26 中的 +、− 号所赋予的意义。

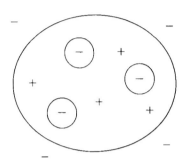

图 14-26　大尺度 +、- 团块的示意性表示

　　图 14-26 是对大尺度宇宙的示意性表示，这一尺度范围要比实际上所能观测到的那部分宇宙大得多。事实上，我们应该把所观测到的全部星系，哪怕是最大的望远镜中所能见到的最遥远的星系，仅仅看作是只占有图 14-26 中一个团块内的比较小的一个小单元。为了具体起见，我们就说这是一个 + 团块。

　　对这种图像来说，宇宙中任何地方、任何一点上某个粒子所受到的相互作用，相当于对所有不同团块的影响做一种复杂的加法。如果我们合理地假定，平均来说 - 团块和 + 团块一样重要，那么任意位置上全部相互作用的联合效应也许为正，也许为负，两者可能性相等。对有些区域来说全部影响的总和为正，另外一些区域则影响总和为负，在这两类区域的分界面上 + 和 - 的影响正好互相抵消。对这类表面上的那些点来说，粒子的质量就是零。

　　就最一般性的情况来说，我们现在取得了一项至关重要的结果：从宇宙学研究，特别是从星系红移研究所得到的极其重要的认识是，我们恰好位于靠近这种零质量面的宇宙单元之中。请注意，我们提到

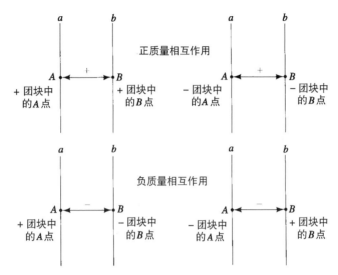

图 14-27　确定 A 点上 a 和 B 点上 b 之间质量相互作用符号的规定如下：如果 A，B 两点位于同类团块之中符号为 +，否则为 −

的这个面并不需要像我们在图 14-24 中所认为的那样是一个独一无二的面。我们观测所及的范围只是宇宙中的一个小单元；为了强调说明这一点，我们把图 14-24 实际上仅仅是图 14-26 中一个小单元这种情况表示在图 14-28 中，同时要看到，有关宇宙学的一些研究所涉及的仅仅是这个微小区域，而宇宙的范围要比这大得多。

在这更大范围的宇宙尺度上，我们不能再应用第 12 章中所说明的那种对称性，而必须代之以同十分复杂的黎曼几何学打交道。只是在图 14-26 的小三角形[1] 尺度内这种所谓的宇宙学原理才能很好地成立。事实上，宇宙学原理得以成立仅仅是因为我们碰巧很靠近某一个

---

1. 这是指图 14-24 在图 14-26 中只是一个很小的三角形，但在图中并没有把它画出来。——译者注

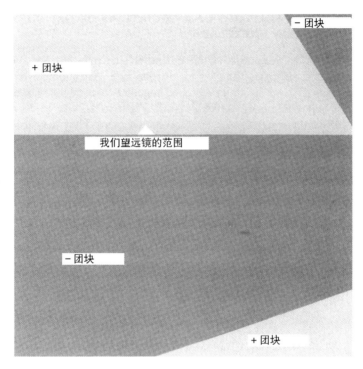

－ 团块

＋ 团块

我们望远镜的范围

－ 团块

＋ 团块

图 14-28　我们有关宇宙学研究所涉及的也许只是一个小单元，而宇宙的范围
要比这大得多

零质量面。因此，发现全尺度的宇宙几何学关系就是一个非常困难的
任务；取得零质量面的详细形态远不是一件轻而易举的事，要知道图
14-26 中所作的只是一种示意性的表示。

　　尽管如此，就图 14-24 所示的局部零质量面来说，令人惊讶的
是我们对一个面所引起的效应的认识能达到多深的程度。假定光在这
个面的两边以同样的方向传播，再假定在另一边也存在有星系和恒星。
那么我们是否应当预期能够观测到另外一边的这些星系呢？很遗憾，

我们不可能直接观测到它们，因为这些星系中恒星所发出的光，在接近 $\tau = 0$ 时必然会受到恒星粒子强烈的散射、吸收或削弱作用。不过，削弱后的辐射还是会进入零质量面我们的一边，所以确实应当能观测得到。它正好会具有我们在 §14-7 中所研究过的那种黑体形式。还有，它应当包含有一定的能量，能量的大小则由另外一边恒星中氢向氦的转变所确定。这种能量是可以算得出来的，而且可以证明对于这种削弱后的辐射来说由能量所得出的温度大约是 3K，正好就是观测到的微波背景所具有的温度。因此，微波背景的存在（从而使稳恒态模型受到明显的损害）很有力地支持了这里所提出的概念。我们不需要特别地假设它的存在，在通常的大爆炸宇宙学中则必须做这样的假设。我们也许可以有一定的理由，说明微波背景表明了局部零质量的另一边是存在的。

有关星系和类星体成协的许多特征仍然得不到解释

另外一边存在着星系的概念也许还可以同我们这一边的星系成团问题联系起来。长时间以来，天文学家们总觉得星系是群居在一起的，其集聚程度要超出如果只有随机因素作用时对这种情况所能做出的合理估计。图 14-29 到图 14-33 涉及我们在前面几章中讨论过的其他一些问题。只有在我们的天文学理论中考虑到另外一边的条件时，这几幅图才有可能得到完美的解答。

我们在天文学方面所知道的许多内容，大体上在图 14-30 到图 14-32 中有了充分的反映。这三幅图都是 NGC 1097，这个星系在南半球进行观测最好。这些照片是在不同曝光条件下拍摄的，它们表明

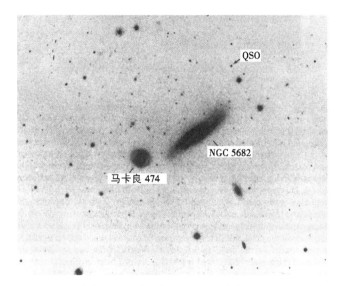

图 14-29　星系 NGC 5682 的红移是 $z=0.0073$，马卡良 474 是 $z=0.041$，而类星体为 $z=1.94$。这三者成协可能出于偶然，不过，这时奇怪的是这些天体各自的形状竟会如此之特别

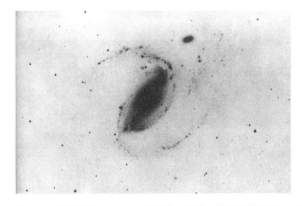

图 14-30　星系 NGC 1097 的 Hα 氢线照片。请注意，外围的旋臂非常细，有许多 HII 区沿着旋臂成串排列

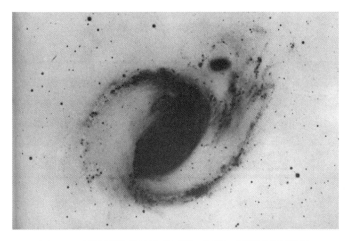

图 14-31　中等曝光时间的 NGC 1097 照片，表现出一种涡旋式的自转运动

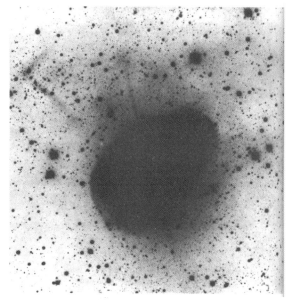

图 14-32　长时间曝光的 NGC 1097 照片。注意从中心方向伸出一些明显的喷流。左上方的那条喷流有着一串五个模糊的像，这可能是一些小的子星系，它们看上去同喷流成协

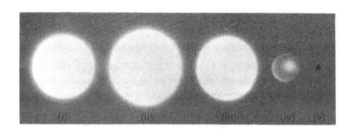

图14-33 一个无内压力的局部性天体膨胀以后就收缩，所遵循的规律同B类几何学的规律有着惊人的相似之处。这个局部性天体开始是膨胀（i），在体积到达极大（ii）后就出现收缩（iii），收缩过程会继续下去（iv），直到最终变为一个黑洞（v）

了我们是怎样发现这个星系的不同结构特性。图14-30是氢的 $H\alpha$ 线照片，它展现出一个明亮的中央核以及盘，周围则是非常细的旋臂。一些明亮的结块沿着旋臂排列，犹如一串念珠，它们是一些气体星云（§9-4），是因为同年轻的亮星成协而变得可见的一些炽热电离氢云，其中亮星的年龄不超过几百万年。在中等曝光时间的图14-31中，旋臂的外貌加宽而且变浓，但仍然有着数不清的气体星云。现在的图案暗示了整个星系经历着一种激烈的涡旋式运动。在长时间曝光的图14-32中，中央部分的细节从照片上显现出来了，但是现在整个星系的周围可以看到很多的天体——星团，也许还有一些小的暗星系。不难发现从中心向左上方伸出两条喷流，在其中之一的相对方向上可能还存在着一条反向喷流。最靠左上方的那条喷流有着一串五个模糊的像，这显然是一些小的子星系，它们沿着喷流的外部成串排列，刚好位于喷流突然朝右方弯曲的部位之前。这一串天体看来是同喷流成协的，因而也就与主星系成协。

这些喷流暗示了在星系中心存在着一个爆发天体，也许是一个在性质上与类星体相类似的天体。这些星系周围的一整块亮晕很可能是许多喷流重叠的结果，这些喷流的年龄要比我们看得见的那几个来得老，后者几乎肯定要比星系本身的年龄小得多——而且甚至可能比星系的自转周期还来得短。我们观测到的也许是出现在最近 1000～10000 万年的一些爆发活动所造成的结果。

§14-10 黑洞和白洞

作为本章的结束，我们要在范围比较大的马赫原理框架内来对黑洞和白洞做一番讨论。在第 11 章中我们已经知道，黑洞是由大质量天体经过引力坍缩形成的，而白洞则可以看作是引力坍缩的某种时间反演——从挤压变为爆发。

假设我们像在第 11 章中那样从一个大范围的均匀尘埃球出发，并且在开始时有着一种不大的向外运动。球会出现一段短时间的膨胀，然后因引力的作用而收缩。引力坍缩的结果是形成黑洞，这时就到达时空奇点，图 14-33 中说明了这种情况。我们可以为这个天体给定一个随时间而变化的总体标度因子 Q。图 13-33 中的时间 t 是由位于天体表面的观测者来量度的。标度因子 $Q(t)$ 的变化特性同 B 类宇宙学（第 13 章）中的标度因子相同，与图 13-4 的差别只是这里的 Q 并不是从零开始。不同的是，我们现在有的是图 14-34 的变化特性。图 14-34 中最重要的方面在于 Q 减小为零，这意味着天体坍缩成一点，根据通常的观念，到这一步天体也就不复存在了。

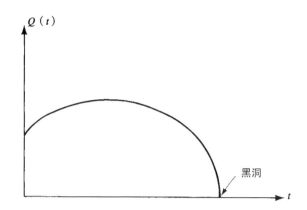

图 14-34　这类局部性天体的 $Q(t)$ 曲线在到达极大值后就向下转，最后减小
为零。这种现象产生出黑洞

黑洞和白洞是联系在一起的

现在的问题是：我们能否像在宇宙学情况中所做的那样再继续进行下去。我们曾经设法解决了宇宙起源的难题，那么能否通过类似的途径来避免天体的不复存在呢？为了解决前一个难题，我们把图 14-12 中的图像改变为图 14-13，并且用图 14-24 来替代图 14-22 —— 这就是说对宇宙添上了另外的一半。对局部性天体的回答是，我们确实可以用类似的方法来加以处理。我们可以把为这一目的而引入的另外一半称为白洞。这时，局部坍缩中天体所演变出的结构不再仅仅由黑洞组成，而是由黑洞加上白洞来组成。

黑洞或白洞的空间尺度，从恒星级质量天体的几千米，到星系级质量天体的 0.01 光年左右。零质量面的性质要求出现以下的一系列事件，第一次到达零质量面时天体坍缩为黑洞；这个天体瞬即穿过这个面，并随之而变为白洞。但是，这第一个白洞是不长久的，而是在天体中的粒子第二次到达零质量状态时,很快又第二次转变为黑洞。然后,第二个白洞出现了,当出现类星体或射电星系中所发现的那一类爆发现象时,这个白洞可能是很容易观测到的。

图 14-35 中说明了这种黑洞后面跟着一个白洞的两次顺序出现情况,图中的闭曲面代表了一个零质量面,这是在 §14-9 中曾经描述过的广义宇宙图像中可能存在着的许多种情况之一。物质的世界线进入这个闭区域,而质量相互作用的符号就是在那里改变的。正是这种符号的改变造成了对于广义相对论的某种变化。这种变化再现在外围 + 区域和内部 − 区域的交界处。在每一区域各自的范围内广义相对论都完全成立,但是在穿过闭曲面时数学家所称为的边界条件在配合上就不一致了。

在世界线进入图 14-35 的零质量闭曲面之前,这是黑洞的情况。当世界线进入圆泡时,粒子表现为像一个白洞。但是,在最初的白洞

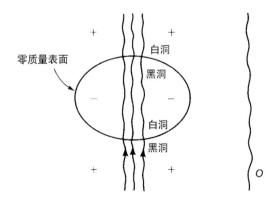

图 14-35 一族粒子进入和离开零质量闭曲面时表现为两对黑洞−白洞。在一个遥远的观测者 O 看来,第二个白洞也许同第一个黑洞没有什么联系。零质量面是因为在这个面上质量相互作用符号的改变而出现的

阶段后，随着世界线第二次与零质量面相交，又出现黑洞的情况。在这第二次相交之后，在位于 + 区域中的一位外部观测者 O 看来，世界线有着白洞的状态。观测者 O 也许无法看到闭曲面的内部，对他来说第二个白洞看上去同第一个黑洞没有什么联系。而位于这个天体上的一名观测者看来，它们则以图 14−35 的方式联系了起来。因此，黑洞和白洞可能是有联系的。

我们在这里想要考虑的第二个议题是时空奇点的问题。我们在大爆炸宇宙的情况中曾经看到，爱因斯坦理论要求宇宙从某个时空奇点开始。奇点是在引力坍缩终了时，或者说是在一个白洞开始时出现的。这种情况中奇点的出现是爱因斯坦理论的必然结局吗？

在宇宙学中，我们在有关宇宙的对称性上做过一些简化假设，这就是宇宙学原理和韦尔假设。在我们关于均匀尘埃球引力坍缩的讨论中，也存在着不少的对称性。时空奇点是否是因为有关对称性的这些假设而引起的呢？

在 20 世纪 50 年代末、60 年代初，许多理论家相信，只要起用比较复杂的物质分布，他们就有可能避免奇点的出现。例如，旋转引起离心力，方向与旋转轴相垂直。这种力可以对重力起反抗作用。但是，沿着旋转轴方向它们当然是不起作用的。是否还会有其他的各向异性作用力呢？如果宇宙在不同方向上的膨胀速度不相同，那么介质就会受到切向力的作用，这就同一根铁棒在扭转时出现切向形变的情况大致相同。然而，宇宙学介质中的切变会使事情变得更糟糕，反而有助于奇点的出现。求助于非均匀性同样也没有用。事实上，20 世纪

60 年代的后五年内，彭罗斯、霍金和杰罗奇曾经提出一些很有用的定理，这些定理说明了那些办法是没有一个会有用的 —— 除了一些特殊的或神秘莫测的场合外，奇点的出现是广义相对论必然有的特征。

从图 14-12 到图 14-13，我们已告别了通常的广义相对论叙述方式。我们发现就爱因斯坦-德西特模型来说，相对论图像中 $t=0$ 时的时空奇点，已为新图像中 $\tau=0$ 时的零质量面所代替。尽管对于描述我们那部分宇宙来说，两种图像在数学上是等价的，但新图像的优点是使我们在更普遍的意义上对宇宙的认识有了大大的提高，这不仅仅是扩展到 $\tau=0$ 的另外一边，而且还说明了我们的可观测宇宙也许只是由许多零质量面组成的一个更大宇宙的一小部分。

爱因斯坦-德西特模型是这种普遍化的出发点，模型中包含有多种对称性。这个模型再次提出了这样一个问题：我们是否有可能避免因为爱因斯坦-德西特模型的高度对称性而在这一模型中所出现的奇点呢？我们在新图像中所获得的几何学形式 —— 狭义相对论几何学 —— 之所以简单就在于爱因斯坦-德西特模型的对称性，这一点是明确无疑的。要是我们放弃这种模型，寻求其他更带有普遍性的相对论模型，例如兼有切向形变和转动的模型以及非均匀性的模型，那么就不可能会在我们的新图像中得到简单的狭义相对论几何学；但是可以证明，在所有这些其他的场合中我们的几何学形式是非奇异的。现在，对于在通常的相对论模型中存在奇点的地方，我们有一个零质量面。这样一来我们就回到了包含有一些零质量面的、带有普遍性的宇宙图像，这在图 14-26 中已经描述过了，于是我们便有以下的等效关系：

粒子质量不变 +（一个或几个）时空奇点
⇔ 粒子质量可变 +（一个或几个）零质量面。

如果我们从右到左来看这个等效关系，那么马上就会清楚为什么奇点是广义相对论不可避免的一种特征了。回到我们的单位制，并且重温一下长度单位已变为

$$L \sim M^{-1},$$

那么我们就看到，当 M 变为零时 L 必然趋于无穷大。在广义相对论中保持长度单位固定不变的办法是改变几何学的定律，而现在由于上面的原因，当我们趋向零质量面时，任何想保持长度单位不变的努力都将是徒劳的。我们强要把刚性杆子一直带到 $m=0$ 的地方，为此而付出的代价表现为给几何学形式加上了不可能办到的约束，所以当 $m=0$ 时最终便出现断裂。这种情况便是广义相对论的时空奇点。

我们不应该用任何超自然的意义来解释时空奇点，而是应该承认它们的存在：这是在数学上不允许的地方应用刚性单位的结果。

附录 A
稳恒态宇宙模型

我们在 §13-10 中已经知道，如果是大爆炸宇宙，宇宙的年龄则不可能超过 H^{-1}。哈勃首次测得 H^{-1} 时，其数值（$\approx 1.8 \times 10^9$ 年）之低令人困惑不解。即使地球的地质年龄（$\approx 4.5 \times 10^9$ 年）也要比它大 1.5 倍。在那个时候人对最老的恒星和星系的年龄知道得还不太确切，但是预期要大于 1.8×10^9 年。

这个显而易见的矛盾就是促使某些理论家寻找在爱因斯坦理论所给出的模型之外的其他宇宙学模型的原因之一。这方面努力的一项成果就是所谓稳恒态模型，这是在 1948 年由邦迪和戈尔德，以及由霍伊尔各自独立地提出的。为了解决年龄困难，这种模型走到了另一个极端：宇宙无所谓开端，因而它的年龄无限老。

邦迪和戈尔德是从演绎的观点来探索这一宇宙学问题的，他们的推论如下。假设我们做了一次宇宙学观测（例如测定红移等），它涉及观测非常遥远的星系。因为观测是通过光进行的，我们所观测到的星系便是它在遥远过去年代的样子。为了把宇宙的这一遥远部分同我们所在的邻近区域进行合理的比较，我们还必须再做一个假设，我们必须假定在那边适用的物理定律同在这里的物理定律是一样的。例如就红移来说，我们就根据适用于地面实验的原子物理学来证认星系的谱线。如果我们不做这样的假设，比较工作的整个基础就会垮台。当然，这并不排除事实上也许有一套不同的物理定律适用于宇宙其他地方的可能性。如果是这样的话，宇宙学家的任务就更为困难了。宇宙学家的处境可以比作是晚间有一个人在灯光暗淡的街上寻找一枚丢失了的硬币，他唯一可以很好搜索的场所就是少数几盏路灯下面的地方。要是他运气好的话，硬币也许就落在这种灯光照明了的地方，但是它也可能落在某个暗处。

现在回到标准大爆炸图像上来。邦迪和戈尔德认为早期阶段宇宙的状态和它现在的状态不大一样，以至有关物理学定律相同的假设要受到严重的破坏。宇宙毕竟包含了一切东西，其中包括它的一些基本定律。如果过去的宇宙是如此的不同，那么我们怎么能保证那个时候的定律就同现在一样呢？为了保证有相同的物理学定律，宇宙就必须保持不变。为了使这一观念得以成立，邦迪和戈尔德系统地阐述了完全宇宙学原理的概念。

我们在 §12-4 中知道，普通宇宙学原理要求 t= 常数时的三维空间应该是均匀的。用普通宇宙学原理这一假设，就足以保证在任何给定的宇宙时间，同样的物理学定律适用于所有的星系三维空间。但是，我们需要（通过观测）比较不同时间 t 的两个星系。因此，对不同的时间来说，物理学定律也必须相同。为了保证做到这一点，完全宇宙学原理指出不同 t 的空间在物理性质上是相同的。这样，均匀性的概念便扩大到时间维。

　　这么一来，所得到的宇宙图像是不变化的，它的名字稳恒态就有这一层意思。然而，这并不排除有运动存在。一条稳定流动的河流在任何时候都呈现同样的图像，但它并不是静止的。同样，星系世界并不需要保持静止不动，它可以是一种膨胀型的系统。事实上，邦迪和戈尔德利用奥伯斯佯谬（§12-5 和 §13-11）推断，由夜间的黑暗状态可以知道在下述三种可能性中只有第二种才能解释稳恒态情况下的佯谬问题：

　　1. 宇宙是静止的。
　　2. 宇宙总是在不断地膨胀。
　　3. 宇宙总是在不断地收缩。

　　还有，因为在稳恒态宇宙中所有可观测的参数在任何时间都必然是相同的，所以哈勃常数对于任何的宇宙时来说也必然相同。这一结果意味着膨胀函数 $Q(t)$ 的形式为

$$Q(t) = \exp(Ht),$$

式中 H 为哈勃常数。请注意，同大爆炸模型情况不一样，这里没有用到任何引力理论而导出了 $Q(t)$ 的形式，$Q(t)$ 的形式是从完全宇宙学原理演绎出来的。

　　这条原理又要求在稳恒态模型中全部星系的平均间距必然始终保持不变。要是有任何一种可观测的性质同时间有关，那就违背了稳恒态条件。那么，既然每对星系间的距离像 $Q(t)$ 那样在增大，我们

又怎样来满足这一必须满足的条件呢？如果新的星系按附图 A-1 的方法不断地形成，就可以满足这一条件。在这一图像中，新星系的诞生率必须正好填补上已有的星系间距离的增加。随着已有的星系向外扩张，新的星系便在它们之间的空间中诞生出来。

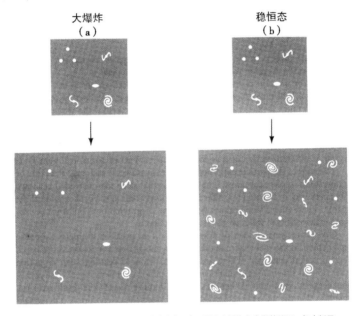

附图 A-1　（a）已有的星系彼此分离开去，这是大爆炸宇宙学的情况。（b）新星系的诞生率必须刚好补上已有星系间距离的不断增大。图中对星系的密度做了明显夸大的表示

　　这种新的物质是怎样诞生的呢？邦迪和戈尔德并没有对这一问题做出回答，他们只是说这是完全宇宙学原理的一个推论。事实上，仅仅对稳恒态理论提出这样的问题是有点不太公平的。在大爆炸模型中，所有的物质都是在 $t=0$ 时创生出来的，至于这件事怎样发生又为什么发生则没有给出任何说明。

正是这种物质创生的概念使霍伊尔得出了一种稳恒态的观念。创生现象意味着会出现参差不齐的世界线。在附图 A-2 中，左边的一组箭头表示了在 $t=0$ 时开始的粒子世界线。如果在时间上从现在起往回看，所有粒子的轨线都在 $t=0$ 时终止。为什么所有粒子的终端就应该恰好以这种方式排成一行呢？为什么就不能预期这些终端会在不同 t 值时出现，就像出现在附图 A-2 右边那一组轨线所表示的情况呢？

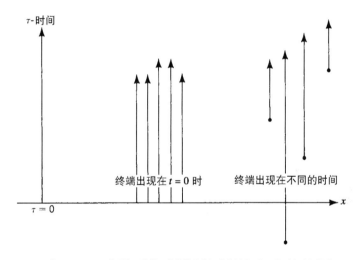

附图 A-2　不要总以为所有粒子轨线的终端都落在某个时间瞬间（如大爆炸模型中那样）。为什么就不能预期这些终端会落在不同的瞬间、甚至在 $t=0$ 之前的瞬间呢？

粒子轨线的终端出现在宇宙的范围之内，因此必须从物理学方面来加以理解。附图 A-3 中示意性地说明了我们所需要解释的性质，图中相互作用发生在参差不齐的轨线终端。正如物理学家所述的那样，这些作用不可能是电磁相互作用或引力相互作用，它们必然构成一类新的场。

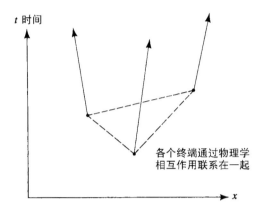

附图 A-3　有一种理论假设粒子轨线的终端落在不同的瞬间, 在这种理论中我们认为是物理学相互作用把一个粒子的终端同其他粒子的终端联系了起来

　　假设我们有附图 A-3 的总体概念, 那么利用物理学中的标准方法, 也就是以某种作用量原理为基础的那些方法, 我们就有可能建立起一种严密的数学理论。有几种标准方法可以把这类作用量原理同爱因斯坦引力理论联系起来, 然后得出一些有关宇宙学方面的结论。一旦这样做了, 就会出现一项非常惊人的结果, 那就是宇宙自身居于稳恒状态之中。邦迪和戈尔德的完全宇宙学原理就可以应用了。我们有着合乎逻辑的等价关系:

　　　　出现于不同 t 值时的粒子轨线终端 ⇔ 完全宇宙学原理。

稳恒态模型遭到反驳

　　同其他任何一种宇宙学模型相比, 稳恒态模型更容易经受检验, 其理由说明于附图 A-4。当我们用任何形式的辐射来进行观测时, 我

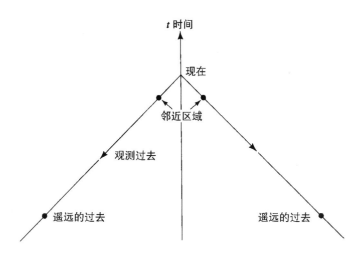

附图 A-4　我们可以就任何一种天文学上的性质来检验稳恒态模型,办法是同很远距离(也就是非常早时间)的状态进行比较

们就是在沿着光锥回头向过去看。因此,在我们的观测结果中采集了存在于较早时间的那些条件,而如果我们沿着光锥往回走得足够远,那么就有可能来检验比现在早得多时间的状态。如果像附图 A-4 所示的那样观测遥远的过去,发现某一种天文学上的性质同邻近区域的情况相比出现明显的不同,那么宇宙在所有方面都处于稳恒状态的论点就不能成立了。

　　这种方法用来检验稳恒态模型从逻辑上讲是很简单的,可是用起来却存在着两种困难。如果宇宙随时间而变化,又如果稳恒态模型是错误的,那么从原理上讲要推翻这一点应该是沿着光锥回头看一长段距离要比只看一小段距离来得好。较短时间内的变化很可能比长时间内所出现的变化小得多,而我们观测本身所固有的误差因素总是会把小的变化掩盖起来。因此,显然我们必然期求进行远距离的观测。然而，遗憾的是远距离天体通常是非常暗的，因此很难进行高精度的观测。决不能把因仪器在极限状态下工作所造成的虚假效应错误地解释为演化上的变化。

第二种困难来自稳恒态模型自身的某种不确定性。宇宙会在什么尺度上表现为稳恒态呢？显然不是太阳系的尺度，也不是我们银河系的尺度，甚至不是星系团的尺度。主张稳恒态模型的主要人物从来没有对这一问题做出过明确的回答。邦迪和戈尔德曾经猜想宇宙表现为稳恒态的尺度不会比邻近星系的距离大很多。但是，我们总是可以认为"稳恒性尺度"应该定得比这大得多，同时又不使理论中的一些最重要概念受到损害。由于理论上说无论对空间还是时间都不存在有任何的范围限制，我们所选择的考虑问题的尺度就带有一定的随意性。稳恒性的意思是各种性质保持不变，也许只是当所考察的区域包含有好几百万个星系时才能把它确定下来。因此，只要把尺度范围充分地加大，我们总可以使得沿着刚才所提到的思路来推翻稳恒态理论的种种企图归于失败。

让我们通过一个明显的例子来考虑这些问题，这个例子就是 §13-4 中讨论过的射电源计数。图 13-14 中给出了最新的观测材料。如果所得到的这些观测结果要求某种演化宇宙模型，那么邦迪和戈尔德这种限定形式的稳恒态理论就不能成立。可是，观测资料中存在着一些不确定因素，在 §13-4 中已对这种情况做了说明，所以问题还是没有解决，特别是当稳恒性尺度取得很大时更是如此。

要是不存在 §13-8 中所讨论过的微波背景，那么也许有理由认为稳恒态模型在现时是充分站得住脚的。微波背景的起源同认为宇宙有起点的大爆炸宇宙学联系在一起。然而，在稳恒态模型中不可能给出任何这一类的解释，这是因为在稳恒态模型中宇宙不存在有起点。就宇宙的大尺度特征来说，一个时间同另一个时间就不可能有差异。如果宇宙有起点的话，这种稳恒状态就会遭到破坏。

那么，在稳恒态模型中我们可以怎样来解释微波背景的存在呢？所观测到的背景辐射是由频率范围为 $10^9 \sim 3 \times 10^{11}$ Hz 的一些射电波组成的。已经知道有许多射电源会产生这样的射电波。所以，为什么这些源 —— 也就是像射电星系和类星体那样的离散分布天体 —— 就不应该是造成背景辐射的原因呢？表面上看来这是解决问题的一条捷径，但困难在于现已知道的射电源（也就是图 13-14 中所画出的射电源计数结果）不能给出足够的强度，尤其在背景辐射的高频端更是如此。可以想到的一种补救办法是假定存在着许许多多的未探见射电源，这些源的内禀发射强度很低，比如说只及我们确已观测到的那些射电源内禀发射强度的百万分之一。于是就大约需要 10^{14} 个这样的弱源，这个数目约为可见星系总数的 10 000 倍。需要假设的不仅仅是存在着新的一类射电源，而且是成员数目极多的一类射电源，大多数天文学家觉得这一点难以接受。这种批评是正当的。尽管如此，我们还是一定要小心，不要受天文学中一直存在的倾向性观点的影响，不要以为世界上除了用今天的仪器所正好能观测到的那些事物外，就再也不存在其他任何东西了。这种观点已经一再证明是错误的，毫无疑问以后还会再次证明它是错误的。但是，在有关存在着大量的弱射电源从而就能拯救稳恒态模型的问题上，是否最后也会证明这种观点是错误的呢？尽管在这一点上要做出肯定性的回答看来是有疑问的，但我们还是应当看到从严密的数学解算结果的意义上来检验的话，稳恒态模型至今还没有完全被推翻。除了刚才所提到的之外，也还存在着解决这一困难的其他一些可能性，只有在取得更多的观测资料之后才能够对它们的合理性做出评价。

附录 B
表格

附表 B-1　　　　　　　　元素

Z	元素名	化学符号	发现年代	宇宙物质中的丰度
1	氢	H	1766	3.18×10^{10}
2	氦	He	1895	2.21×10^{9}
3	锂	Li	1817	49.5
4	铍	Be	1798	0.81
5	硼	B	1808	350
6	碳	C	＊＊	1.18×10^{7}
7	氮	N	1772	3.64×10^{6}
8	氧	O	1774	2.14×10^{7}
9	氟	F	1771	2450
10	氖	Ne	1898	3.44×10^{6}
11	钠	Na	1807	6.0×10^{4}

续表1

Z	元素名	化学符号	发现年代	宇宙物质中的丰度 *
12	镁	Mg	1755	1.06×10^6
13	铝	Al	1827	8.5×10^5
14	硅	Si	1823	10^6
15	磷	P	1669	9600
16	硫	S	* *	5.0×10^5
17	氯	Cl	1774	5700
18	氩	Ar	1894	1.17×10^5
19	钾	K	1807	4205
20	钙	Ca	1808	7.2×10^4
21	钪	Sc	1879	35
22	钛	Ti	1791	2770
23	钒	V	1830	262
24	铬	Cr	1797	1.27×10^4
25	锰	Mn	1774	9300
26	铁	Fe	* *	8.3×10^5
27	钴	Co	1735	2210
28	镍	Ni	1751	4.8×10^4
29	铜	Cu	* *	540
30	锌	Zn	1746	1245
31	镓	Ga	1875	48
32	锗	Ge	1886	115
33	砷	As	* *	6.6
34	硒	Se	1817	67
35	溴	Br	1826	13.5
36	氪	Kr	1898	47
37	铷	Rb	1861	5.88
38	锶	Sr	1790	26.8
39	钇	Y	1794	4.8
40	锆	Zr	1789	28

续表 2

Z	元素名	化学符号	发现年代	宇宙物质中的丰度 *
41	铌	Nb	1801	1.4
42	钼	Mo	1778	4
43	锝	Tc	1937	不稳定
44	钌	Ru	1844	1.9
45	铑	Rh	1803	0.4
46	钯	Pd	1803	1.3
47	银	Ag	＊＊	0.45
48	镉	Cd	1817	1.42
49	铟	In	1863	0.189
50	锡	Sn	＊＊	3.59
51	锑	Sb	＊＊	0.316
52	碲	Te	1782	6.41
53	碘	I	1811	1.09
54	氙	Xe	1898	5.39
55	铯	Cs	1860	0.387
56	钡	Ba	1808	4.80
57	镧	La	1839	0.445
58	铈	Ce	1803	1.18
59	镨	Pr	1879	0.149
60	钕	Nd	1885	0.779
61	钷	Pm	1947	不稳定
62	钐	Sm	1879	0.227
63	铕	Eu	1896	0.085
64	钆	Gd	1880	0.297
65	铽	Tb	1843	0.055
66	镝	Dy	1886	0.351
67	钬	Ho	1879	0.079
68	铒	Er	1843	0.225
69	铥	Tm	1879	0.034

续表 3

Z	元素名	化学符号	发现年代	宇宙物质中的丰度 *
70	镱	Yb	1878	0.216
71	镥	Lu	1907	0.0362
72	铪	Hf	1923	0.210
73	钽	Ta	1802	0.0210
74	钨	W	1781	0.160
75	铼	Re	1925	0.0526
76	锇	Os	1803	0.745
77	铱	Ir	1803	0.717
78	铂	Pt	1735	1.40
79	金	Au	＊＊	0.202
80	汞	Hg	＊＊	0.40
81	铊	Tl	1861	0.192
82	铅	Pb	＊＊	4.0
83	铋	Bi	1753	0.143
84	钋	Po	1898	不稳定
85	砹	At	1940	不稳定
86	氡	Rn	1900	不稳定
87	钫	Fr	1939	不稳定
88	镭	Ra	1898	不稳定
89	锕	Ac	1899	不稳定
90	钍	Th	1828	0.058
91	镤	Pa	1917	不稳定
92	铀	U	1789	0.0262
93	镎	Np	1940	不稳定
94	钚	Pu	1940	不稳定
95	镅	Am	1945	不稳定
96	锔	Cm	1944	不稳定
97	锫	Bk	1950	不稳定
98	锎	Cf	1950	不稳定

续表 4

Z	元素名	化学符号	发现年代	宇宙物质中的丰度 *
99	锿	Es	1955	不稳定
100	镄	Fm	1955	不稳定
101	钔	Md	1955	不稳定
102	锘	No	1958	不稳定
103	铹	Lr	1961	不稳定

　　注：最后一列为相对丰度，取硅的丰度为 10^6 作为参考标准。"＊＊"表示很早就已知道的元素。到 2004 年，加上人造元素，已知的元素已超过 120 种（译者注）。

附表 B-2   星座

名称	缩写	近似赤经（h）	近似赤纬（°）	星座名的含义
仙女座	Ana	01	35	仙女
唧筒座 *	Ant	10	-30	水泵
天燕座 *	Aps	17	-75	极乐鸟
宝瓶座	Agr	22	-15	盛水的容器
天鹰座	Agl	20	05	鹰
天坛座	Ara	17	-55	祭坛
白羊座	Ari	02	20	公羊
御夫座	Aur	05	40	驾车的人
牧夫座	Boo	15	30	牧人
雕具座 *	Cae	05	-40	雕刻用刀具
鹿豹座 *	Cam	06	70	长颈鹿
巨蟹座	Cnc	09	20	蟹
猎犬座 *	CVn	13	40	猎狗
大犬座	CMa	07	-25	大狗
小犬座	CMi	07	05	小狗
摩羯座	Cap	21	-15	海中之羊
船底座 *	Car	09	-60	船的龙骨
仙后座	Cas	01	60	仙后
半人马座	Cen	13	-50	半人半马怪物
仙王座	Cep	21	65	仙王
鲸鱼座	Cet	02	-5	鲸鱼
蝘蜓座 *	Cha	11	-80	变色龙
圆规座 *	Cir	16	-65	圆规
天鸽座 *	Col	06	-35	鸽子
后发座 *	Com	13	20	皇后的头发
南冕座	CrA	19	-40	南天王冠
北冕座	CrB	16	30	北天王冠
乌鸦座	Crv	12	-20	乌鸦

续表1

名称	缩写	近似赤经（h）	近似赤纬（°）	星座名的含义
巨爵座	Crt	11	-15	杯子
南十字座 *	Cru	12	-60	南天十字架
天鹅座	Cyg	21	40	天鹅
海豚座	Del	21	15	海豚
剑鱼座 *	Dor	05	-60	旗鱼
天龙座	Dra	18	60	龙
小马座	Equ	21	10	小马
波江座	Eri	03	-25	波江
天炉座 *	For	03	-30	火炉
双子座	Gem	07	25	双生子
天鹤座	Gru	22	-45	鹤
武仙座	Her	17	30	大力神
时钟座 *	Hor	03	-55	钟
长蛇座	Hya	10	-15	水怪
水蛇座 *	Hyi	01	-70	水蛇
印第安座 *	Ind	20	-50	印第安人
蝎虎座 *	Lac	22	40	蜥蜴
狮子座	Leo	10	20	狮子
小狮座 *	LMi	10	35	小狮子
天兔座	Lep	05	-20	野兔
天秤座	Lib	15	-15	天平
豺狼座	Lup	15	-45	狼
天猫座 *	Lyn	09	40	山猫
天琴座	Lyr	19	35	竖琴
山案座 *	Men	06	-75	书案山
显微镜座 *	Mic	21	-35	显微镜
麒麟座 *	Mor	07	00	独角兽
苍蝇座 *	Mus	13	-70	苍蝇

续表2

名称	缩写	近似赤经（h）	近似赤纬（°）	星座名的含义
矩尺座 *	Nor	16	-55	曲尺
南极座 *	Oct	22	-85	八分圆
蛇夫座	Oph	17	00	捉蛇的人
猎户座	Ori	05	05	猎户
孔雀座 *	Pav	20	-60	孔雀
飞马座	Peg	22	20	飞马
英仙座	Per	03	40	英仙
凤凰座 *	Phe	01	-45	凤凰
绘架座 *	Pic	07	-60	画架
双鱼座	Psc	00	10	双鱼
南鱼座	PsA	23	-30	南天之鱼
船尾座 *	Pup	07	-35	船的尾部
罗盘座 *	Pyx	09	-35	船用罗盘
网罟座 *	Ret	04	-65	网
天箭座	Sge	20	15	箭
人马座	Sgr	18	-30	射手
天蝎座	Sco	17	-35	蝎子
玉夫座 *	Scl	01	-30	雕刻师
盾牌座 *	Sct	19	-10	盾牌
巨蛇座	Ser	16	05	大蛇
六分仪座 *	Sex	10	00	六分仪
金牛座	Tau	05	20	公牛
望远镜座 *	Tel	18	-45	望远镜
三角座	Tri	02	35	三角形
南三角座 *	TrA	16	-65	南天三角形
杜鹃座 *	Tuc	23	-60	巨嘴鸟
大熊座	UMa	11	50	大熊
小熊座	UMi	15	75	小熊

续表 3

名称	缩写	近似赤经（h）	近似赤纬（°）	星座名的含义
船帆座 *	Vel	09	-50	船帆
室女座	Vir	13	00	处女
飞鱼座 *	Vol	08	-70	飞鱼
狐狸座 *	Vul	20	25	狐狸

* 近代命名的星座。

附表 B-3

最近的恒星

星表名		1900 赤经*	1900 赤纬*	目视星等	B-V**	距离（秒差距）	绝对星等	质量（⊙）	半径（太阳半径）	备注
Grm34=43°44' (=CC19)	A	00h 13m 43°	27'	8.08	1.55	3.60	10.30			双星，两星相距38"。A星本身是一颗分光双星
	B	00 20	49	11.05	1.78		13.27			
水蛇座 β		00	-77	2.79	0.61	6.54	3.71			
仙后座 η	A	00	57　17	3.44	0.57	5.52	4.73	0.85	0.84	双星，周期490年，两星相距12"
	B	00 43		7.25			8.54	0.52		
范玛伦＝佛耳夫28		00 04	55	12.34	0.55	4.26	14.19			
鲸鱼座 UV	A	01 34	-18　28	12.41	1.9	2.67	15.28	0.044		双星，周期约200年，两星相距5"
	B	01 34		12.95	1.9		15.87	0.035		
鲸鱼座 τ		01 39	-16　28	3.50	0.72	3.63	5.70			
波江座82 波江座 e		03 16	-43　27	4.23	0.71	6.41	5.19			
波江座 e		03 28	-09　48	3.74	0.87	3.30	6.14			

续表 1

星表名	分量	1900 赤经*	1900 赤纬*	目视星等	B–V**	距离（秒差距）	绝对星等	质量（⊙）	半径（太阳半径）	备注
波江座 σ² =	A	04ʰ 11ᵐ	−07° 49′	4.44	0.81		5.96			三合星，B 为白矮星，BC 周期约为 250 年
波江座 40	B	05 08	−44 59	9.61	0.63	5.00	11.16	0.44	0.018	
	C			11.05			12.57	0.21	0.43	
卡普坦星 =−45° 1841		05 26	−03 42	8.9		3.98	10.9			
HD36395=−3° 1123		05 36	12 29	7.97	1.48	6.13	9.03			
罗斯 47		06 06	−21 49	11.58	1.51	6.10	12.65			
−21° 1377		06 24	−02 44	8.18		5.88	9.33			
罗斯 614	A			11.25		4.02	13.23	0.14		双星，周期 16.5 年，两星相距 1″
（=CC390）	B			4.8			16.8	0.08		
天狼 = 大犬座 α	A	06 41	−16 35	−1.46	0.01	2.67	1.41	2.31	1.8	双星，周期 49.7 年，两星相距 7″.6，子星 B 为白矮星
	B			8.67	0.04		11.54	0.98	0.022	
佛耳夫 294		06 48	33 24	10.15		5.92	11.29			
罗斯 986		07 03	38 43	11.68		5.81	12.86			

续表 2

星表名	1900 赤经*	赤纬*	目视星等	B-V**	距离(秒差距)	绝对星等	质量(⊙)	半径(太阳半径)	备注
雷登星 =5°1668	07ʰ 22ᵐ	05° 32′	9.92		3.76		12.02		双星，周期40.6年，两星相距4″.5，子星B为白矮星
南河三 = 小犬座 α　A	07 34	05 29	0.35	0.40	3.48	2.64	1.75	1.7	
B			10.8	0.5		13.1	0.64	0.01	
L745−46　A	07 36	-17 10	13.6		6.10	14.14			双星，两星相距21″。子星A为白矮星
B			17.6			8.7			白矮星
L97−12	07 53	-67 30	14.9		5.88	16.1			
罗斯619	08 06	09 15	13.8		6.62	13.78			
LFT 571=L674−15	08 08	-21 11	12.88		6.02	14.9			
53°1320　A	09 08	53 07	7.68	1.44	6.13	8.74			双星，周期约为1000年，两星相距19″
53°1421　B			7.77			8.82			
Grm1618=50°1725	10 05	49 57	6.60	1.37	4.50	8.33			
狮子座 AD=20°2465	10 14	20 22	9.41	1.55	4.72	11.04			

续表 3

星表名	1900 赤经*	1900 赤纬*	目视星等	B–V**	距离（秒差距）	绝对星等	质量（⊙）	半径（太阳半径）	备注
佛耳夫 359	10ʰ 52ᵐ	07° 36′	13.66		2.35	16.80			
Lal21185=36° 2147	10 58	36 38	7.47	1.51	2.51	10.42	0.35		看不见的小质量子星
44° 2051 A	11 01	44 02	8.76	1.54	5.81	9.94			双星，两星相距为28″
（=大熊座 WX） B			14.8			16.0			
CC 658	11 40	-64 17	12.5		4.93	14.0			白矮星
AC79° 3888	11 41	79 14	10.92		5.05	12.41			
罗斯 128	11 43	01 23	11.13		3.36	13.50			
L 68-28 A	12 23	-70 56	15.7		6.58	16.6			双星，两星相距15″
L 68-29 B			17.7			18.6			
佛耳夫 424 A	12 28	09 34	12.63		4.35	14.44			双星相距 0.″5
B			12.7			14.5			
15° 2620	13 41	15 26	8.49	1.44	4.98	10.01			

续表4

星表名	1900 赤经*	1900 赤纬*	目视星等	B–V**	距离（秒差距）	绝对星等	质量（⊙）	半径（太阳半径）	备注
半人马座比邻星	14ʰ 23ᵐ	-62° 15′	10.7		1.31	15.1	0.1		这是最近的一颗恒星
-11° 3759	14 29	-12 06	11.38		6.33	12.37			
半人马座α A	14 23	-60 25	0.00	0.69	1.33	4.39	1.09	1.23	双星，周期80.1年，两星相距17″.7
B			1.38			5.76	0.88	0.87	
-20° 4125 A	14 52	-20 58	5.82	1.12	5.81	7.00			双星，两星相距20″
-20° 4123 B			8.10			9.28			
-40° 9712	15 26	-40 54	10.1		6.02	11.1			
-12° 4523=CC995	16 25	-12 25	10.07	1.60	4.10	12.01			
-8° 4352 A	16 50	-08 09	9.72	1.59	6.58	10.63	0.38		三合星，C离开AB72″，AB为密近双星，周期1.7年
B			9.8			10.7	0.34		
（=佛耳夫629） C			11.76		6.25	12.78			

续表 5

星表名	1900 赤经*	1900 赤纬*	目视星等	B–V**	距离(秒差距)	绝对星等	质量(☉)	半径(太阳半径)	备注
+45° 2505　A	17^h 09^m	45° 50′	9.95		6.25	10.97	0.31		双星,周期13.1年,两星相距0."7
(=Fu46)　B			10.31			11.33	0.25		
蛇夫座 36　A	17 09	-26 27	5.07	0.85	5.68	6.31			三合星,AB相距5", BC相距12′12″
(=-26° 12026)　B			5.11			6.35			
(=-26° 12036)　C	17 10	-26 24	6.34	1.14	5.81	7.52			
-46° 11540	17 21	-46 47	9.4	1.5	4.69	11.0			
-44° 11909	17 30	-44 14	11.1		4.78	12.7			
68° 946	17 37	68 26	9.13	1.52	4.93	10.67			
UC48	17 38	-57 14	12.9		5.99	14.0			
巴纳德星 =4° 3561	17 53	04 25	9.53	1.75	1.83	13.21			
蛇夫座 70　A	18 01	02 31	4.22	0.87	5.21	5.64	0.89		双星,周期87.8年,两星相距4."5
(=2° 3482)　B			5.94			7.36	0.68		

续表 6

星表名	1900 赤经*	1900 赤纬*	目视星等	B−V**	距离（秒差距）	绝对星等	质量（⊙）	半径（太阳半径）	备注
59°.1915 *A*	18^h 42^m	59° 29′	8.90	1.54	3.53	11.16			双星，两星相距 17″
（=Σ2398） *B*			9.69	1.58		11.95			
罗斯 154	18　44	−23　54	10.6		2.86	13.3			
4° 4048 *A*	19　12	05　02	9.13	1.49	5.85	10.29			双星相距 1′14″
B			18.0			19.2			
L 347−14	19　13	−45　42	13.7		5.92	14.8			
天龙座 σ	19　33	69　29	4.69	0.80	5.68	5.92			
河鼓二 = 天鹰座 α	19　46	08　36	0.75	0.25	5.05	2.23			
孔雀座 δ	19　59	−66　26	3.56	0.75	5.88	4.71			
−8° 13940 *A*	20　05	−36　21	5.33	0.85	5.81	6.51			两星相距 7″
（=HR7703） *B*			11.5			12.7			
−45° 13677	20　07	−45　28	8.0	1.44	6.29	9.0			

续表 7

星表名	1900 赤经 * (h m)	赤纬 * (° ')	目视星等	B–V**	距离（秒差距）	绝对星等	质量（⊙）	半径（太阳半径）	备注
天鹅座 61　A	2ʰ 02ᵐ	38° 15'	5.20	1.21	3.42	7.53	0.59		两星相距 24.″6，周期 720 年
B			6.03	1.40		8.36	0.50		
-39° 14192	21 11	-39 15	6.69	1.42	3.91	8.73			
-49° 13515	21 27	-49 26	8.9		4.57	10.6			
印第安座 ε	21 56	-57 12	4.73	1.05	3.50	7.01			
克鲁格 60 = 仙王座 DO　A（=56° 2783）	22 24	57 12	9.83	1.63	4.00	11.82	0.72	0.51	双星，周期 45 年，两星相距 2.″4
B			11.37			13.36	0.16		
L789-6	22 33	-21 52	12.58		3.38	14.93			
-21° 6267　A	22 33	-21 08	9.3		4.57	11.0			两星相距 23"
B			11.0			12.7			
43° 4305	22 42	43 49	10.05	1.39	5.05	11.53			
-15° 6290（=罗斯 780）	22 48	-14 47	10.16	1.60	4.85	11.73			

续表8

星表名	1900		目视星等	B-V**	距离（秒差距）	绝对星等	质量（⊙）	半径（太阳半径）	备注
	赤经*	赤纬*							
-36° 15693	22^h 59^m	-36° 26'	7.39	1.50	3.66	9.57			
56° 2966	23 08	56 37	5.58	1.01	6.58	6.49			
罗斯 248	23 37	43 39	12.25	1.8	3.16	14.75			
1° 4774	23 44	01 52	8.99	1.49	6.13	10.05			
-37° 15492	23 59	-37 51	8.59	1.48	4.57	10.29			

* 表中恒星按赤经增加的次序排列。赤经、赤纬是历元 1900 年 1 月 1 日 00.00 时的数值。

** B-V 的数值决定了表面温度的大小，它们之间的对应关系如下：

B-V	表面温度（K）
-0.2	18800
0.0	10800
0.2	8190
0.4	6820
0.6	5920
0.8	5200
1.0	4530
1.2	3920
1.4	3480

附表 B-4　最亮的恒星

星名		1900 赤经		赤纬		目视星等	B-V	绝对星等	距离(秒差距)
		00ʰ	03ᵐ	28°	32′				
壁宿二	仙女座 α	00	03	28	32	2.07	-0.07	-0.5	31
王良一	仙后座 β	00	04	58	36	2.26	0.34	1.5	14
火鸟六	凤凰座 α	00	21	-42	51	2.37	1.07	0.2	27
王良四	仙后座 α	00	35	55	59	2.20	1.16	-1.3	50
土司空	鲸鱼座 β	00	39	-18	32	2.04	1.01	0.8	18
策	仙后座 γ	00	51	60	11	2.15	-0.2	-0.9	40
奎宿九	仙女座 β	01	04	35	05	2.07	1.62	0.2	24
北极星	小熊座 α	01	23	88	46	2.02	0.6	-4.5	200
水委一	波江座 α	01	34	-57	45	0.49	-0.17	-2.2	35
天大将军一	仙女座 γ	01	58	41	51	2.16	1.3	-2.3	80
娄宿三	白羊座 α	02	02	22	59	2.00	1.17	0.3	22
芻藁增二	鲸鱼座 ο	02	14	-03	26	2.00	1.5	-1.0	40
天囷一	鲸鱼座 α	02	57	03	42	2.53	1.16	-1.0	50
大陵五	英仙座 β	03	02	40	34	2.10	-0.05	-0.5	31
天船三	英仙座 α	03	17	49	30	1.80	0.48	-4.1	150
毕宿五	金牛座 α	04	30	16	19	0.80	1.55	-0.8	21
五车二	御夫座 α	05	09	45	54	0.09	0.81	-0.6	14

续表1

星名	1900 赤经		赤纬		目视星等	B－V	绝对星等	距离（秒差距）
	05ʰ	10ᵐ	-08°	19′				
参宿七　猎户座β	05	10	-08	19	0.11	-0.05	-7.1	270
参宿五　猎户座γ	05	20	06	16	1.63	-0.22	-4.1	140
五车五　金牛座β	05	20	28	32	1.65	-0.13	-2.9	80
参宿三　猎户座δ	05	27	-00	22	2.19	-0.21	-6.0	450
厕一　天兔座α	05	28	-17	54	2.58	0.22	-4.8	300
参宿二　猎户座ε	05	31	-01	16	1.70	-0.18	-6.8	500
参宿井一　猎户座ζ	05	36	-02	00	1.79	-0.21	-6.2	400
参宿六　猎户座κ	05	43	-09	42	2.06	-0.16	-7.1	700
参宿四　猎户座α	05	50	07	23	0.4	1.85	-5.9	180
五车三　御夫座β	05	52	44	56	1.89	0.04	-0.2	26
军市一　大犬座β	06	18	-17	54	1.96	-0.23	-4.5	200
老人　船底座α	06	22	-52	38	-0.72	0.16		
井宿三　双子座γ	06	32	16	29	1.93	0.00	-0.5	30
天狼　大犬座α	06	41	-16	35	-1.44	-0.01	1.41	27
弧矢七　大犬座ε	06	55	-28	50	1.48	-0.17	-5.0	200
弧矢一　大犬座δ	07	04	-26	14	1.85	0.63	-7.0	600
弧矢二　大犬座η	07	20	-29	06	2.42	-0.07	-7.1	800

续表 2

星名		1900			目视星等	B-V	绝对星等	距离(秒差距)
		赤经		赤纬				
		07ʰ 28ᵐ	32°	06′	1.56	0.05	0.8	14
北河二 双子座 α								
南河三 小犬座 α		07 34	05	29	0.36	0.41	2.7	3.5
北河三 双子座 β		07 39	28	16	1.15	1.01	1.0	10.7
弧矢增二十二 船尾座 ζ		08 00	-39	43	2.23	-0.27	-7.3	800
天社一 船帆座 γ		08 06	-47	03	1.85	-0.25	-4.2	160
海石一 船底座 ε		08 20	-59	11	1.94	1.2	-3.1	100
天社三 船帆座 δ		08 42	-54	21	1.93	0.04	0.1	23
天记 船帆座 λ		09 04	-43	02	2.23	1.7	-4.3	200
南船五 船底座 β		09 12	-69	18	1.68	-0.01	-0.4	26
海石二 船底座 ι		09 14	-58	51	2.24	0.18	-4.2	180
天社五 船帆座 κ		09 19	-54	35	2.45	-0.16	-3.0	120
星宿一 长蛇座 α		09 23	-08	14	2.05	1.43	-0.7	35
轩辕十四 狮子座 α		10 03	12	27	1.34	-0.11	-0.8	26
轩辕十二 狮子座 γ		10 14	20	21	2.02	1.2	-0.5	32
天璇, 北斗二 大熊座 β		10 56	56	55	2.36	-0.02	0.6	23
天枢, 北斗一 大熊座 α		10 58	62	17	1.81	1.06	-0.6	30
西上相 狮子座 δ		11 09	21	04	2.55	0.12	0.8	23

续表 3

星名		1900 赤经		赤纬		目视星等	B-V	绝对星等	距离（秒差距）
		11ʰ	44ᵐ	15°	08′				
五帝座一	狮子座 β	11	44	15	08	2.13	0.08	1.6	13
天玑，北斗三	大熊座 γ	11	49	54	15	2.43	0.00	-0.1	32
珍宿一	乌鸦座 γ	12	11	-16	59	2.58	-0.09	-2.4	100
十字架二	南十字座 α	12	21	-62	33	0.83	-0.26	-3.7	80
十字架一	南十字座 γ	12	26	-56	33	1.68	1.58	-2.5	70
库楼七	半人马座 γ	12	36	-48	25	2.16	-0.01	-1.7	60
十字架三	南十字座 β	12	42	-59	09	1.29	-0.25	-4.3	130
玉衡，北斗五	大熊座 ε	12	50	56	30	1.78	-0.02	-0.2	25
开阳，北斗六	大熊座 ζ	13	20	55	27	2.12	0.03	0.0	26
角宿一	室女座 α	13	20	-10	38	0.97	-0.23	-3.1	65
南门一	半人马座 ε	13	34	-52	57	2.34	-0.23	-3.6	150
摇光，北斗七	大熊座 η	13	44	49	49	1.86	-0.19	-2.3	70
弓腹一	半人马座 β	13	57	-59	53	0.63	-0.24	-5.0	130
库楼三	半人马座 θ	14	01	-35	53	2.07	1.02	0.9	17
大角	牧夫座 α	14	11	19	42	-0.05	1.24	-0.2	11
库楼二	半人马座 η	14	29	-41	43	2.39	-0.21	-3.0	120
南门二	半人马座 α	14	33	-60	25	-0.27	0.71	4.2	1.3

续表4

星名		1900				目视星等	B-V	绝对星等	距离(秒差距)
		赤经		赤纬					
		14h	35m	-46°	58'				
骑官十	豺狼座 α	14h	35	-46°	58	2.5	-0.22	-2.5	100
梗河一	牧夫座 ε	14	41	27	30	2.39	0.93	-0.6	40
帝,北极二	小熊座 β	14	51	74	34	2.04	1.49	-0.6	33
贵原四	北冕座 α	15	30	27	03	2.22	-0.02	0.5	22
房宿三	天蝎座 δ	15	54	-22	20	2.32	-0.14	-4.0	180
房宿四	天蝎座 β	16	00	-19	32	2.52	-0.09	-4.0	200
心宿二,大火	天蝎座 α	16	23	-26	13	0.94	1.83	-4.7	130
韩	蛇夫座 ζ	16	32	-10	22	2.56	0.00	-3.4	160
三角形三	南三角座 α	16	38	-68	51	1.93	1.43	-0.4	29
尾宿二	天蝎座 ε	16	44	-34	07	2.29	1.15	0.6	22
宋	蛇夫座 η	17	05	-15	36	2.44	0.05	0.8	21
尾宿八	天蝎座 λ	17	27	-37	02	1.60	-0.23	-3.2	90
尾宿五	天蝎座 θ	17	30	-42	56	1.86	0.38	-4.0	150
侯	蛇夫座 α	17	30	12	38	2.07	0.15	0.9	17
尾宿七	天蝎座 χ	17	36	-38	59	2.39	-0.21	-3.3	140
天四	天龙座 γ	17	54	51	30	2.21	1.54	-0.8	40
箕宿三	人马座 ε	18	18	-34	26	1.81	-0.02	-1.7	50

续表 5

星名		1900 赤经	赤纬	目视星等	B-V	绝对星等	距离（秒差距）
织女	天琴座 α	18ʰ 34ᵐ	38° 41′	0.03	0.00	0.5	8.1
斗宿四	人马座 σ	18 49	-26 25	2.09	-0.20	-2.4	80
斗宿六	人马座 ζ	18 56	-30 01	2.57	0.09	-0.4	40
牛郎，河鼓二	天鹰座 α	19 46	08 36	0.77	0.22	2.3	4.9
孔雀十一	孔雀座 α	20 17	-57 03	1.94	-0.20	-2.9	90
天津一	天鹅座 γ	20 19	39 56	2.22	0.66	-4.8	250
天津四	天鹅座 α	20 38	44 55	1.25	0.08	-7.2	500
天津九	天鹅座 ε	20 42	33 36	2.46	1.03	0.6	24
天钩五	仙王座 α	21 16	62 10	2.43	0.23	1.5	15
危宿三	飞马座 ε	21 39	09 25	2.38	1.56	-4.6	250
鹤一	天鹤座 α	22 02	-47 27	1.75	-0.14	-0.2	25 ?
鹤二	天鹤座 β	22 37	-47 24	2.16	1.62	-2.6	90
北落师门	南鱼座 α	22 52	-30 09	1.16	0.09	1.9	7.0
室宿二	飞马座 β	22 59	27 32	2.50	1.7	-1.4	60
室宿一	飞马座 α	23 00	14 40	2.49	-0.04	0.0	32

注：初看来，我们可能会以为最亮的恒星也就是最近的恒星，但是把这张表同附表 B-3 作一比较之后就会说明这种看法是不正确的。只是 4 颗恒星同时出现在两张表中。对于射电源往往也有类似的假设，而这种假设可能也是不对的，这份表中的许多恒星是由阿拉伯天文学家命名的（指恒星的西名——译者注），但也有一些并非如此，哪 5 颗恒星的内禀亮度最大？

附表 B-5   核的丰度

元 素	A	同位素丰度（%）	宇宙丰度（Si=10^6）
^{1}H	1	~100	3.18×10^{10}
	2		5.2×10^9
^{2}He	3		~3.7×10^5
	4	~100	2.21×10^9
^{3}Li	6	7.42	3.67
	7	92.58	45.8
^{4}Be	9	100	0.81
^{5}B	10	19.64	68.7
		80.36	281.3
^{6}C	12	98.89	1.17×10^7
	13	1.11	1.31×10^5
^{7}N	14	99.634	3.63×10^6
	15	0.366	1.33×10^4
^{8}O	16	99.759	2.14×10^7
	17	0.0374	8040
	18	0.2039	4.38×10^4
^{9}F	19	100	2450
^{10}Ne	20	(88.89)	3.06×10^6
	21	(0.27)	9290
	22	(10.84)	3.73×10^5
^{11}Na	23	100	6.0×10^4
^{12}Mg	24	78.70	8.35×10^5
	25	10.13	1.07×10^5
	26	11.17	1.19×10^5

续表1

元　素	A	同位素丰度 （%）	宇宙丰度 （Si=10^6）
^{13}Al	27	100	3.5×10^5
^{14}Si	28	92.21	9.22×10^5
	29	4.70	4.70×10^4
	30	3.09	3.09×10^4
^{15}P	31	100	9600
^{16}S	32	95.0	4.75×10^5
	33	0.760	3800
	34	4.22	2.11×10^4
	36	0.0136	68
^{17}Cl	35	75.529	4310
	37	24.471	1390
^{18}Ar	36	84.2	9.87×10^4
	38	15.8	1.85×10^4
	40		~20 ?
^{19}K	39	93.10	3910
	40		5.76
	41	6.88	289
^{20}Ca	40	96.97	6.99×10^4
	42	0.64	461
	43	0.145	105
	44	2.06	1490
	46	0.0033	2.38
	48	0.185	133
^{21}Sc	45	100	35
^{22}Ti	46	7.93	220
	47	7.28	202
	48	73.94	2050
	49	5.51	153

续表 2

元　素	A	同位素丰度 （%）	宇宙丰度 （ Si=10^6 ）
	50	5.34	148
^{23}V	50	0.24	0.63
	51	99.76	261
^{24}Cr	50	4.31	547
	52	83.7	1.06×10^4
	53	9.55	1210
	54	2.38	302
^{25}Mn	55	100	9300
^{26}Fe	54	5.82	4.83×10^4
	56	91.66	7.61×10^5
	57	2.19	1.82×10^4
	58	0.33	2740
^{27}Co	59	100	2210
^{28}Ni	58	67.88	3.26×10^4
	60	26.23	1.26×10^4
	61	1.19	571
	62	3.66	1760
	64	1.08	518
^{29}Cu	63	69.09	373
	65	30.91	167
^{30}Zn	64	48.89	608
	66	27.81	346
	67	4.11	51.1
	68	18.67	231
	70	0.62	7.71
^{31}Ga	69	60.4	29.0
	71	39.6	19.0
^{32}Ge	70	20.52	23.6

续表3

元　素	A	同位素丰度 （%）	宇宙丰度 （Si=10^6）
	72	27.43	31.5
	73	7.76	8.92
	74	36.54	42.0
	76	7.76	8.92
^{33}As	75	100	6.6
^{34}Se	74	0.87	0.58
	76	9.02	6.06
	77	7.58	5.09
	78	23.52	15.8
	80	49.82	33.5
	82	9.19	6.18
^{35}Br	79	50.537	6.82
	81	49.463	6.68
^{36}Kr	78	0.354	0.166
	80	2.27	1.06
	82	11.56	5.41
	83	11.55	5.41
	84	56.90	26.6
	86	17.37	8.13
^{37}Rb	85	72.15	4.16
	87		1.72
^{38}Sr	84	0.56	0.151
	86	9.86	2.65
	87		1.77
	88	82.56	22.2
^{39}Y	89	100	4.8
^{40}Zr	90	51.46	14.4
	91	11.23	3.14

续表 4

元　素	A	同位素丰度 （%）	宇宙丰度 （Si=10^6）
	92	17.11	4.79
	94	17.40	4.87
	96	2.80	0.784
^{41}Nb	93	100	1.4
^{42}Mo	92	15.84	0.634
	94	9.04	0.362
	95	15.72	0.629
	96	16.53	0.661
	97	9.46	0.378
	98	23.78	0.951
	100	9.63	0.385
^{44}Ru	96	5.51	0.105
	98	1.87	0.0355
	99	12.72	0.242
	100	12.62	0.240
	101	17.07	0.324
	102	31.61	0.601
	104	18.58	0.353
^{45}Rh	103	100	0.4
^{46}Pd	102	0.96	0.0125
	104	10.97	0.143
	105	22.23	0.289
	106	27.33	0.355
	108	26.71	0.347
	110	11.81	0.154
^{47}Ag	107	51.35	0.231
	109	48.65	0.219
^{48}Cd	106	1.215	0.018

续表 5

元　素	A	同位素丰度 （ % ）	宇宙丰度 （ Si= 10^6 ）
	108	0.875	0.013
	110	12.39	0.124
	111	12.75	0.189
	112	24.07	0.356
	113	12.26	0.181
	114	28.86	0.427
	116	7.58	0.112
^{49}In	113	4.28	0.008
	115	95.72	0.181
^{50}Sn	112	0.96	0.0346
	114	0.66	0.0238
	115	0.35	0.0126
	116	14.30	0.515
	117	7.61	0.274
	118	24.03	0.865
^{50}Sn	119	8.58	0.309
	120	32.85	1.18
	122	4.72	0.170
	124	5.94	0.214
^{51}Sb	121	57.25	0.181
	123	42.75	0.135
^{52}Te	120	0.089	0.0057
	122	2.46	0.158
	123	0.87	0.056
	124	4.61	0.296
	125	6.99	0.449
	126	18.71	1.20
	128	31.79	2.04

续表 6

元　素	A	同位素丰度 （%）	宇宙丰度 （Si=10⁶）
	130	34.48	2.21
⁵³I	127	100	1.09
⁵⁴Xe	124	0.126	0.00678
	126	0.115	0.00619
	128	2.17	0.117
	129	27.5	1.48
	130	4.26	0.229
	131	21.4	1.15
	132	26.0	1.40
	134	10.17	0.547
	136	8.39	0.451
⁵⁵Cs	133	100	0.387
⁵⁶Ba	130	0.101	0.00485
	132	0.097	0.00466
	134	2.42	0.116
	135	6.59	0.316
	136	7.81	0.376
	137	11.32	0.543
	138	71.66	3.44
⁵⁷La	138		0.00041
	139	99.911	0.445
⁵⁸Ce	136	0.193	0.00228
	138	0.250	0.00296
	140	88.48	1.04
	142	11.07	0.131
⁵⁹Pr	141	100	0.149
⁶⁰Nb	142	27.11	0.211
	143	12.17	0.0949

续表 7

元　素	A	同位素丰度 （%）	宇宙丰度 （Si=10⁶）
	144	23.85	0.186
	145	8.30	0.0647
	146	17.22	0.134
	148	5.73	0.0447
	150	5.62	0.0438
⁶²Sm	144	3.09	0.00698
	147		0.0349
	148	11.24	0.0254
	149	13.83	0.0313
	150	7.44	0.0168
	152	26.72	0.0604
	154	22.71	0.0513
⁶³Eu	151	47.82	0.0406
	153	52.18	0.0444
⁶⁴Gd	152	0.200	0.000594
	154	2.15	0.00639
	155	14.73	0.0437
	156	20.47	0.0608
	157	15.68	0.0466
	158	24.87	0.0739
	160	21.90	0.0650
⁶⁵Tb	159	100	0.055
⁶⁶Dy	156	0.0524	0.000189
	158	0.0902	0.000325
	160	2.294	0.00826
	161	18.88	0.0680
	162	25.53	0.0919
	163	24.97	0.08099

续表 8

元　素	A	同位素丰度 （%）	宇宙丰度 （Si=10⁶）
	164	28.18	0.101
^{67}Ho	165	100	0.079
^{68}Er	162	0.136	0.000306
	164	1.56	0.00351
	166	33.41	0.0752
	167	22.94	0.516
	168	27.07	0.0609
	170	14.88	0.0335
^{69}Tm	169	100	0.034
^{70}Yb	168	0.135	0.000292
	170	3.03	0.00654
	171	14.31	0.0309
	172	21.82	0.0471
	173	16.13	0.0348
	174	31.84	0.0688
	176	12.73	0.0275
^{71}Lu	175	97.41	0.0351
	176		0.00108
^{72}Hf	174	0.18	0.00038
	176	5.20	0.0109
	177	18.50	0.0389
	178	27.14	0.0570
	179	13.75	0.0289
	180	35.24	0.0740
^{73}Ta	180	0.0123	0.00000258
	181	99.9877	0.0210
^{74}W	180	0.135	0.000216
	182	26.41	0.0422

续表 9

元 素	A	同位素丰度 （%）	宇宙丰度 （Si=10⁶）
	183	14.40	0.0230
	184	30.64	0.0490
	186	28.41	0.0454
⁷⁵Re	185	37.07	0.0185
	187		0.0341
⁷⁶Os	184	0.018	0.000135
	186	1.29	0.00968
	187		0.0088
	188	13.3	0.0998
	189	16.1	0.121
	190	26.4	0.198
	192	41.0	0.308
⁷⁷Ir	191	37.3	0.267
	193	62.7	0.450
⁷⁸Pt	190	0.0127	0.000178
	192	0.78	0.0109
	194	32.9	0.461
	195	33.8	0.478
	196	25.3	0.354
	198	7.21	0.101
⁷⁹Au	197	100	0.202
⁸⁰Hg	196	0.146	0.000584
	198	10.2	0.0408
	199	16.84	0.0674
	200	23.13	0.0925
	201	13.22	0.0529
	202	29.80	0.119
	204	6.85	0.0274

续表 10

元　素	A	同位素丰度 （%）	宇宙丰度 （Si=10^6）
^{81}Tl	203	29.50	0.0567
	205	70.50	0.135
^{82}Pb	204	1.97	0.0788
	206	18.83	0.753
	207	20.60	0.824
	208	58.55	2.34
^{83}Bi	209	100	0.143
^{90}Th	232	100	0.058
^{92}U	235		0.0063
	238		0.0199

引自 A.G.W. *Cameron*，*Space Science Reviews* 15（1970），121。

图书在版编目（CIP）数据

物理天文学前沿 /（英）F. 霍伊尔，（印）J. 纳里卡著；何香涛，赵君亮译 . — 长沙：湖南科学技术出版社，2018.1（2024.1 重印）

（第一推动丛书 . 宇宙系列）

ISBN 978-7-5357-9451-2

Ⅰ . ① 物… Ⅱ . ① F… ② J… ③ 何… ④ 赵… Ⅲ . ① 天体物理学 — 普及读物② 天文学 — 普及读物 Ⅳ . ① P14-49 ② P1-49

中国版本图书馆 CIP 数据核字（2017）第 212892 号

The Physics-Astronomy Frontier
By Fred Hoyle，Jayant Narlikar

本书中文版由作者 Jayant Narlikar 授权翻译出版。
本书根据 Freeman 公司 1980 年版本译出。

湖南科学技术出版社获得本书中文简体版中国大陆独家出版发行权

WULI TIANWENXUE QIANYAN
物理天文学前沿

著者

[英]F. 霍伊尔

[印]J. 纳里卡

译者

何香涛 赵君亮

出版人

潘晓山

责任编辑

吴炜 戴涛 杨波

装帧设计

邵年 李叶 李星霖 赵宛青

出版发行

湖南科学技术出版社

社址

长沙市芙蓉中路一段416号

泊富国际金融中心

网址

http://www.hnstp.com

湖南科学技术出版社

天猫旗舰店网址

http://hnkjcbs.tmall.com

邮购联系

本社直销科 0731-84375808

印刷

长沙鸿和印务有限公司

厂址

长沙市望城区普瑞西路858号

邮编

410200

版次

2018 年 1 月第 1 版

印次

2024 年 1 月第 9 次印刷

开本

880mm×1230mm 1/32

印张

19

字数

396 千字

书号

ISBN 978-7-5357-9451-2

定价

78.00 元